装饰材料

Decoration

materials and construction

与施工

邱 裕
汤留泉 编著

中国电力出版社
CHINA ELECTRIC POWER PRESS

内 容 提 要

本书详细介绍了装饰材料的种类、特性与选购方法，并结合装修实践讲解材料的应用构造与施工方法。本书遵循预先学习装饰材料，其后掌握施工的原则与方法，以循序渐进的方式向读者表述本书内容。重点讲解材料品种、选购方法、构造要点、施工方法，让读者对现代装饰材料与施工有全新的认识与学习。书中不仅集中了传统材料，而且还引入了新型材料与施工方法，重在求新、求精、求全，具有很强的实用性。每章后均附有课后练习题供读者思考训练。本书适合普通高等院校艺术设计专业教学使用，同时也是装饰施工人员的必备参考书。

图书在版编目（CIP）数据

装饰材料与施工 / 邱裕，汤留泉编著. —北京：中国电力出版社，2017.2
ISBN 978-7-5123-9947-1

I. ①装… Ⅱ. ①邱… ②汤… Ⅲ. ①建筑材料—装饰材料 ②建筑装饰—工程施工 Ⅳ. ①TU56 ②TU767

中国版本图书馆CIP数据核字（2016）第255112号

中国电力出版社出版发行

北京市东城区北京站西街19号 100005 http://www.cepp.sgcc.com.cn
责任编辑：梁 瑶 杨淑玲 责任印制：蔺义舟 责任校对：常燕昆
北京盛通印刷股份有限公司印刷·各地新华书店经售
2017年2月第1版·第1次印刷
710mm×1000mm 1/16·18印张·249千字
定价：**58.00**元

前　言

　　装饰材料与施工一直都是我国高等院校艺术设计、建筑设计等专业的必修课程。该课程教学内容多，教学形式单一，很难提升教学效果。通过多年教学与实践，我们总结了很多方法来提升教学效果，让学生在课堂上就能完成系统的学习，同时掌握较丰富的实践经验。

　　装饰装修的质量主要是由材料与施工两方面决定的，而施工的主要媒介又是材料。因此，材料在装修质量中占据着举足轻重的地位。但是如何识别、选购、应用材料又是一个复杂困难的过程。甚至粗略了解都需要花费大量的精力。同样装修施工具有较高的技术含量，全程参与人员多，施工工艺复杂，非专业人士很难完全理解和掌握。本书从材料和施工两方面系统地讲解了装饰材料与施工的知识。现代装饰材料品种丰富，我们在选购之前应该基本熟悉材料的名称、工艺、特性、用途、规格、价格、鉴别方法七个方面的内容。一般而言，常用的装修材料都会有2～3个名称，选购时要分清学名与商品名。本书正文的标题均为学名，同时对于多数材料正文中也给出了商品名。为了使装修变得轻松自如，应当将全程施工分解为各个独立工种，分别为基础、水电、铺装、构造、涂饰、安装六大工种。前一工种未完工时，后一工种不能进场，除非工期特别紧张，才允许两个工种同时施工。每项施工都有准备、进场、实施、验收四个环节。非专业人士如果能将这种模式熟记在心，就能顺利操控装修的各个环节了。装修施工的质量关键在于基础构造，严格控制各个装饰构造的基础部分，杜绝偷工减料的情况发生。如铺装地面砖，地面基础应当保持干净、整洁，对地面预先洒水润湿，仔细控制水泥砂浆的含水率，这些才是保证地面砖铺装效果的重点，最后进行地面砖的边缝处理，地面砖铺装的平整度与基础水泥砂浆的铺装平整度密切相关。

　　本书分为9章，详细讲解每种施工项目的材料选购、施工方法与施工要点，每项施工都对其对应材料进行了详细的讲解并配置构造分解图和施工步骤图，针对图片进行详解。

本书完成过程中遇到很多困难，得到了很多设计师、学生的帮助。在编写此书过程中，毛婵、安诗诗、柏雪、陈伟冬、董卫中、杜海、邓世超、付士苔、高宏杰、胡雨霞、蒋林、李建华、刘波、刘峻、马一峰、祁焱华、孙双燕、涂昭伟、唐云、汪俊林、熊威、杨思彤、张泽安给予了很多帮助，在此表示感谢。

编者

目　录

前言

● **第一章　概述**

第一节　装饰材料概述 · · · · · · · · · 2

第二节　装饰施工概述 · · · · · · · · · 9

● **第二章　成品板材**

第一节　木质板材 · · · · · · · · · 19

第二节　塑料板材 · · · · · · · · · 39

第三节　金属板材 · · · · · · · · · 50

第四节　复合板材 · · · · · · · · · 58

● **第三章　装饰石材**

第一节　天然石材 · · · · · · · · · 80

第二节　人造石材 · · · · · · · · · 88

● **第四章　陶瓷与玻璃制品**

第一节　釉面砖 · · · · · · · · · · · · 98

第二节　玻璃制品 · · · · · · · · · 117

● **第五章　壁纸织物**

第一节　壁纸 · · · · · · · · · · · · 135

第二节　地毯 · · · · · · · · · · · · 145

第三节　窗帘 · · · · · · · · · · · · 153

● **第六章　油漆涂料**

第一节　填料 · · · · · · · · · · · · 162

第二节　普通涂料 · · · · · · · · · 164

第三节　装饰涂料 · · · · · · · · · 173

第四节　特种涂料 · · · · · · · · · 179

第五节　油漆涂料施工 · · · · · · · 187

● **第七章　胶凝材料**

第一节　水泥与混凝土 · · · · · · · 197

第二节　胶黏剂 · · · · · · · · · · · · 204

● **第八章　水电材料**

第一节　水路材料 · · · · · · · · · 219

第二节　电路材料 · · · · · · · · · 233

● **第九章　五金型材**

第一节　金属型材 · · · · · · · · · 251

第二节　五金配件 · · · · · · · · · 265

参考文献 · · · · · · · · · · · · 279

第一章

概　述

　　装饰材料与施工是现代装饰设计、施工技术的基础，任何装饰工程都要使用装饰材料，并通过施工来达到预期的设计效果。现代装饰材料门类丰富，品种齐全，在很大程度上简化了设计与工艺，但是也加大了我们认识材料的难度。全面了解现代化的装饰材料需要具备敏锐的洞察力与时尚的生活观，将理论知识应用于实践，才能完全掌握这门学科。

　　装饰施工需要设计师将装饰设计的创意构思通过详细的施工图纸准确无误地表达出来。在施工中，要将很多初步设计没有考虑到的因素都归纳进来，例如，不同工种的协调、具体材料的选用与连接、细部尺寸的量化、施工的方式方法等，都要一一考虑。因此，没有相应的基础知识及实际经验是很难入手的，这也需要我们一丝不苟地学习。

第一节　装饰材料概述

一、装饰材料定义

装饰材料是指直接或间接用于装饰设计、施工、维修中的实体物质成分，通过这些物质的搭配、组合能创造出适宜使用的环境空间。

现代社会的物质经济发展很快，不断给装饰材料注入新概念、新产品，知识面也在不断拓宽。传统的装饰材料按形态来定义，主要分为"五材"，即实材（见图1-1）、板材（见图1-2）、片材（见图1-3）、型材（见图1-4）、线材（见图1-5）5个类型。这些归纳今天虽然仍旧在用，但是现代工业的新技术、新工艺又派生出各种新型材料，如真石漆、液体壁纸等，这就完全超越了传统观念。

图 1-1　实材（粉煤灰砌块）

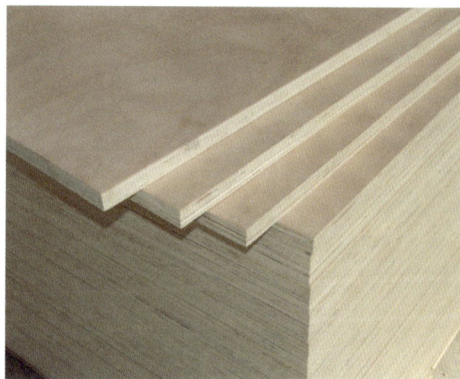

图 1-2　板材（胶合板）

图 1-3　片材（ps片）

图 1-4　型材（成品纤维板护角）

图 1-5　线材（电线）

二、装饰材料特性

装饰材料的品种很多，不同品种具有不同特性，这也是选用装饰材料的基本原则。装饰材料的特性主要集中在以下几个方面：

1. 色彩

色彩反映了材料的光学特征。人眼对颜色的辨认是出于某种心理感受，不同的颜色给人以不同的心理感受，而两个人又不可能对同一种颜色的感受产生完全相同的印象。装饰材料的色彩会直接影响设计风格与氛围。例如，墙面乳胶漆一般选用浅米色、白色等明快的颜色，而地板一般选用棕色、褐色等深重的颜色，这些颜色搭配起来会给大多数人带来稳定、祥和的空间感受。

2. 光泽

光泽是材料表面的质地特性，它对材料形象的清晰程度起决定性作用。装饰材料表面越光滑，则光泽度越高，给人带来华丽、干净的视觉效果，如油漆、金属材料。装饰材料表面越粗糙，则光泽度越低，给人带来稳重、厚实的视觉效果，如地毯、壁纸材料（见图1-6）。

3. 透明性

透明性是指光线通过物体所表现的穿透程度，如普通玻璃、有机玻璃板等可以透视的装饰材料。透明或半透明材料主要用于需要透光的空间或构造中，如窗户、灯箱、采光顶棚（见图1-7）等，在给人带来光亮的同时，还具备阻隔空气、潮湿的作用。

图 1-6　壁纸与地毯应用

图 1-7　玻璃采光顶棚纤维板雕刻窗花

4. 花纹图案

在材料上制作出各种花纹图案是为了增加材料的装饰性，在生产或加工材料时，可以利用不同工艺将材料加工出各种花纹图案，以进一步提高材料的审美特性，或粗糙，或细致，或光滑，或凹凸等。例如，采用切割机或雕刻机将木质纤维板加工成带有花纹图案的板材，成本低廉且效果独特（见图1-8）。

图 1-8　纤维板雕刻窗花

5. 形状尺寸

任何装饰材料都要被加工成预定的形状与尺寸，以满足快捷销售、运输、使用的需求。现代装饰设计与施工追求高效率，对装饰材料的形状尺寸都有特定的要求。例如，木质材料要求被加工成2400mm×1200mm×15mm的板材，或被加工成长度为3m、6m的方材，这样才便于统一定价并进一步加工，最终达到提高装修效率的目的。

6. 使用性能

装饰材料还应具备基本的使用性能，如耐污性、耐火性、耐水性、耐磨性、耐腐蚀性等，这些基本性能保证材料在使用过程中经久常新，保持其原有的装饰效果。此外，现代新型装饰材料还要求具备节能环保功能，强调再生并可重复利用的特性，如金属扣板吊顶，这也能进一步提升装饰材料的价值。

三、装饰材料功能

装饰装修的目的是美化建筑环境空间，保护建筑的主体结构，延长建筑空间的使用年限，营造一个舒适、温馨、安逸、高雅的生活环境与工作场所。目前，装饰材料的功能主要表现在以下三个方面：

1. 装饰功能

装饰工程最显著的效果就是满足装饰美感，室内外各基层面的装饰都是通过装饰材料的质感、色彩和线条样式来表现的。例如：天然石材不经过加工打磨就没有光滑的质感，只有经过表面处理后，才能表现其真实的纹理色泽；普通原木非常粗糙，但是经过精心刨切之后，所形成的板材或方材就具备很强的装饰性；金属材料昂贵，配置装饰玻璃或有机玻璃后，用到精致的细节部位才能体现其价值。

2. 保护功能

建筑在长期使用过程中会受到日晒、雨淋、风吹、撞击等自然气候或人为因素的影响，会造成建筑的墙体、梁柱等结构出现腐蚀、粉化、裂缝等现象，影响了室内空间的使用寿命。这就要求装饰材料应该具备较好的强度、耐久性、透气性、改善环境等持久性能。选择适当的装饰材料对空间表面进行装饰，能够有效地提高建筑的耐久性，降低维修费用。例如：在卫生间墙地面铺贴瓷砖，可减少卫生间高温潮气对水泥墙面的侵蚀，保护建筑结构；墙面涂刷乳胶漆可以有效地保护水泥层不被腐蚀。

3. 使用功能

装饰材料除了具有装饰功能与保护功能以外，还应该根据装饰部位的具体情况，具有一定的使用要求，能改善空间环境，给人以舒适感。不同部位与场合使用的装饰材料及构造方式应该满足相应的功能需求。例如：吊顶使用纸面石膏板，地面铺设实木地板，均可起到保温、隔声、隔热的作用，保证上下楼层间噪声互不干扰，提高生活质量；庭院地面铺设粗糙的天然石板与鹅卵石有助于行走时按摩脚底，同时具备防滑排水的作用；店面外墙挂贴磨光石材能有效保持墙面干净、整洁。

四、装饰材料分类

现代装饰材料的发展速度异常迅猛，种类繁多，更新换代很快。不同的装饰材料用途不同，性能也千差万别，因此，装饰材料的分类方法很多，常见的分类方法有以下三种：

1. 按材料的材质分类

主要分为：有机高分子材料，如木材、塑料（见图1-9）、有机涂料等；无机非金属材料，如玻璃、天然石材、瓷砖、水泥等；金属材料，如铝合金、不锈钢、铜制品等；复合材料，如人造石、彩色涂层钢板、铝塑板、真石漆等。

2. 按材料的燃烧性分类

主要分为：A级材料，具有不燃性，在空气中遇到火或在高温作用下不燃烧的材料，如天然石材、金属、玻化砖（见图1-10）等；B1级材料，具有很难燃烧性，在空气中遇到明火燃烧或受到高温热作用时难起火、难微燃、难炭化，当火源移走后，已经燃烧或微燃烧立即停止的材料，如装饰防火板、阻燃墙纸、纸面石膏板、矿棉吸声板等；B2级材料，具有可燃性，在空气中受到火烧或高温作用时立即起火或微燃，将火源移走后仍继续燃烧的材料，如木芯板、胶合板、木地板、地毯、墙纸等；B3级材料，具有易燃性，在空气中受到火烧或高温作用时迅速燃烧，且火源移走后仍继续燃烧的材料，如油漆、纤维织物等。

图1-9　塑料扣板

图1-10　玻化砖

3. 按材料的使用部位分类

主要分为：外墙装饰材料，如天然石材、玻璃制品、水泥制品、金属、外墙涂料等；内墙装饰材料，陶瓷墙面砖、装饰板材、内墙涂料、墙纸墙布等；地面装饰材料，如地板、地毯、玻化砖等；顶棚装饰材料，如石膏板、金属扣板、硅钙板等。

4. 按材料的商品形式分类

主要分为：成品板材、陶瓷、玻璃、壁纸织物、油漆涂料、胶凝材料、金属配件、成品型材等。这种分类形式最直观、最普遍，是目前各种装饰材料市场的销售分类，为大多数专业人士所接受。

五、装饰材料选用

选择装饰材料要把握好材料的应用方式与价值，如果一味使用传统材料的确轻车熟路，长此以往就缺乏创新精神，环境空间的设计毫无生气，要是突破常规选用新材料，可能又很难把握新材料的特性与运用方式。合理运用装饰材料要分清本末与主次，在大多数装饰界面上可以选用常规材料，在细节表现上可以适当选用时尚、别致的创新材料。

1. 材料外观

装饰材料的外观主要指材料的形状、质感、纹理、色彩等方面的直观效果。材料的形状、质感、色彩的图案应与空间氛围相协调。空间宽大的大堂、门厅，装饰材料的表面组织可设计得粗犷而坚硬，并可采用大线条的图案，以突出空间的气势（见图1-11）；对于相对窄小的空间，如客房、居室，就要选择质感细腻、体重轻盈的材料（见图1-12）。总之，合理使用装饰材料外观效果能使环境空间显得层次分明、精致美观。

图 1-11　服装店大门

图 1-12　客厅

2. 材料功能

选择装饰材料应该结合使用场所的特点来考虑，保证这些场所具备相应的功能。室内所在的气候条件，特别是温度、湿度、楼层高低等情况，对装饰选材有着极大的影响，例如，南方地区气候潮湿，应当选用含水率低、复合元素多的装饰材料；1～2层建筑室内光线较弱，应该选用色彩亮丽、明度较高的饰面材料（见图1-13），而北方地区或高层建筑与之相反。不同材料有不同的质量等级，不同部位应该选用不同品质的材料。例如，厨房的墙面砖应选择优质

图 1-13　浅色材料装修

砖材，能满足防火、耐高温、遇油污易清洗的基本功能，不宜选择廉价材料，而阳台、露台使用频率不高，地面可选用经济型饰面砖。

3. 材料搭配

选用装饰材料时，还应该从配套的完整性来考虑材料的选用。认真比较主材与各配件材料之间的连接问题，对同类材料进行多方比较，寻找最合理的搭配方式。例如：特殊色泽的木地板是否能在市场上找到相配的踢脚线；成品厨柜内的金属构件是否能在市场上找到相应的更换品等。此外，还应该特别注重基层材料的搭配，例如：廉价、劣质的水泥砂浆及防水剂会造成墙面砖破裂、脱落；使用劣质木芯板、饰面板制作家具会使家具构造变形、弯曲等。

4. 材料价格

目前，装修费用一般占建设项目总投资的50%～70%。装饰设计应从长远性、经济性的角度来考虑，充分利用有限的资金取得最佳的使用效果与装饰效果，做到既能满足装饰空间目前的需要，又能考虑到以后的变化。对材料价格应慎重考虑，它关系到投资者与使用者的经济承受能力。材料的价格受不同地域资源情况、供货能力等因素影响，在选择过程中要做到货比三家与量体裁衣，在市场上多看多比较，根据实际情况选择材料的档次。总之，在选用装饰材料时，应该充分考虑装饰材料的性价比，使装修设计、施工变得更合理、更经济。

第二节　装饰施工概述

一、施工要素

装饰施工是使用装饰材料对室内外建筑空间进行装饰装修的做法，它是以装饰材料为物质媒介，以施工工艺为技术支持的专业学科。施工首先需要解决承重、抗压等物理问题，其次选择适当的操作手段，在经济、高效、集约的前提下完成施工，最终满足人们的使用需求与审美意识。在进行装饰施工与构造设计时，要了解装饰施工构成因素，主要包括以下五个方面：

1. 功能因素

装饰施工应该能满足人们日常生活、工作的要求，提供使用舒适的空间环境，这种要求对装饰工程的影响特别明显。例如，会议室、报告厅、KTV包房的墙、顶面装饰构造除了满足美观需求外，还要考虑隔声效果，在墙、顶面装饰构造中加入适当的吸声材料，吸声材料的种类繁多，不同的材料会呈现出不同的构造工艺，最终的装饰效果也截然不同。

此外，施工和构造设计还要保证建筑主体不受外界侵害，构造形体直接暴露在空气中。例如，木质有机纤维材料会由于微生物的侵蚀而腐朽；钢铁等金属配件会生锈；石材、砖材会产生风化现象等。这些就需要在构造设计中精心考虑，对重点部位作特殊处理。例如，木地板铺设的墙角处存在缝隙，容易被灰尘污染，需要设计踢脚板来遮掩，既能保洁，又能保护墙脚与地板边缘不被磨损（见图1-14）。这些细节的功能效应需要时刻关注。

2. 安全因素

装饰施工与设计是否合理，直接关系到环境空间的使用安全。装饰工程一旦竣工并投入使用，就很难让它停止运转，如果存在安全隐患，就可

图 1-14　踢脚线

能会给我们的生活、工作带来不必要的损失。首先，必须处理好装饰结构与建筑主体的关系，因为装饰材料大多依附在建筑主体结构上，所以必须先确定主体结构是否能承受得住这些附加载荷；其次，要将附加载荷通过合适途径传递给主体结构，避免在装饰施工过程中对主体结构产生破坏，如钢结构楼板、顶棚的构造设计（见图1-15）。

图 1-15　钢结构顶棚

3. 材料因素

装饰装修工程的质量、效果与经济性在很大程度上取决于对材料的选择是否合理。由于装饰材料的档次不同，中低档价格的装饰材料普及率较高，应用广泛，而高档装饰材料，特别是名贵装饰板材，在装饰施工中一般起点缀作用，常用于重点部位。高档装饰材料运用关键在于构思与创意，简单堆砌并不能形成良好的环境氛围，中低档装饰材料只要搭配合理，也能达到雅俗共赏的装饰效果。我国地大物博，各地区都有丰富的、具有特色的建筑装饰材料，因此，利用产地优势，就地取材，是创造装饰设计特色的良好渠道。

4. 技术因素

施工是建筑工程中的最后一道工序，只有通过施工，设计才能变为现实。构造的细部设计能为正确施工提供可靠的依据，只有将细部构造表达清楚，施工操作才能准确无误。同时，施工也是检验构造设计合理与否的主要标准，因此，设计师需要深入施工现场，通过观察实践，了解最新的施工工艺与技术，并结合现实条件构思设计，才能形成行之有效的施工方案，避免不必要的浪费，这对于保证工程质量、缩短工期、节省材料、降低造价，有着十分重要的意义。

5. 经济因素

装饰装修需要消耗大量的人力、物力、财力，但是由于环境空间的使用性质、使用对象与经济条件等不同，使得不同装饰工程的造价有很大差异。但是，这并不意味着构造设计要多花钱或多用昂贵材料，也不意味着单纯地降低标准。施工构造不仅要解决各种不同装饰材料的使用问题，还要考虑这些材料的经济价值，要在现有的经济条件下，使用低价格，甚至低档装饰材料，通过精湛的施工构造来达到丰富的装饰效果，创造令人满意的环境空间。

二、施工类型

装饰施工类型丰富，主要可以分为以下三大类：

1. 基础施工

基础施工包括基层构造、骨架构造，是装修施工构造的最内层结构，主要起到固定、承载、强化整个装修构造的作用。由于大多数基础结构都被外部饰面材料遮挡，因此，一般采用强度较高、较厚实的木质、金属材料制作。基础施工构造能将外部所有装饰构造全部连接到建筑结构上，与建筑物保持紧密接触。例如，制作钢结构楼板，必须先在承重墙或混凝土立柱上安装型钢骨架，采用膨胀螺栓或焊接固定，保证各种规格钢材能安全连接，型钢骨架即是楼板装修的基础构造（见图1-16）。

基础施工同时还起到承上启下的作用，部分施工构造为了追求完美的饰面效果，一般还会在基础构造的外部增加一层衔接构造，用于铺装、钉接、粘贴各种饰面材料。因此，基础施工的概念一般比较模糊，对于工艺简单的施工构造，基础施工可以直接与建筑物接触。对于工艺复杂的构造，基础层会分多层制作，满足外部装饰材料的衔接。例如，铺设实木地板，简化的安装工艺可以直接将木地板板块安装在木龙骨上，木龙骨即是基础构造，而在标准装饰构造中却要在木龙骨上铺垫木芯板，针对潮湿的安装环境，甚至要增加防潮毡（见图1-17），这时木芯板与防潮毡就独立于木龙骨，成为基础施工中的衔接构造。

图 1-16　型钢结构焊接楼板

图 1-17　木地板龙骨上铺装防潮毡

在装修工程中，基础施工一般采用螺钉、膨胀螺栓等高强度连接件固定，或采用绑扎、焊接、铆接等方式固定。材料厚实，机械强度高，除了讲究材料质量，还要尽量减少构造的体积与重量，避免占用过多空间，或造成开销过大。

2. 饰面施工

饰面施工又称为覆盖施工，是指覆盖在建筑构件表面，起到保护与美化作用的构造。饰面施工要处理好装饰构造内外连接的方法，它在装饰构造中占有很大比例，具有很强的代表性，主要包括以下三类。

（1）罩面施工。罩面类饰面施工分为涂刷与抹灰两种。涂刷饰面是指将建筑涂料涂敷于构件表面，并能与基层材料很好地粘接形成完整的保护膜。抹灰饰面是建筑物中用以保护与装饰主体工程而采用的最基本的装饰手段之一，根据部位的不同可将其分为外墙抹灰、内墙抹灰（见图1-18）和顶棚抹灰。

（2）贴面施工。贴面施工非常丰富，主要有铺贴、裱糊、钉接。铺贴施工常用的材料主要为瓷砖，为了加强黏结力，常在砖体背面用水泥砂浆或专用胶黏剂涂抹并粘贴在墙面上。裱糊施工的材料呈薄片或卷材状，如粘贴于墙面的各种壁纸、墙布、绸缎等，粘贴于地面的防潮毡、橡胶板或各种塑料板材等，

图 1-18　内墙抹灰找平

可直接贴在找平层上。钉接施工一般采用自重轻或厚度小、面积大的板材，如木制品、金属板、石膏板等，可以钉固于基层或加助压条、嵌条、钉头等固定（见图1-19）。

（3）钩系施工。钩系施工主要有钩挂与系挂两种。钩挂用于较厚的石材、玻化砖或混凝土板块，厚度一般大于30mm，采用成品金属挂钩将侧面

开有凹槽的板材挂接在结构层上，无须使用胶凝材料粘接（见图1-20）。系挂常用于较薄的石材或人造石等材料，厚度为20~30mm。在板材上方的两侧钻小孔，用铜丝、钢丝或镀锌铁丝将板材与结构层上的预埋铁件连接，板与结构间灌砂浆固定。

图 1-19　钉接木线条

3. 配件施工

配件施工又称为装备施工，是指通过各种加工工艺，将装饰材料预先制成装饰配件，再运输至施工现场安装，能进一步提高施工效率。

（1）塑造与铸造。塑造是指对在常温、常压下呈可塑状态的液态材料，经过一定的物理、化学变化过程的处理，使其逐渐失去流动性与可塑性而凝结成固体。铸造是传统生铁、铜、铝等可熔金属经常采用的成形工艺，在工厂制成各种花饰、零件，然后运到现场进行安装。现代装饰材料中主要是指亚克力材料塑造成各种灯箱、招牌或将液体壁纸、硅藻涂料涂抹在墙面上凝固成型。

（2）加工与拼装。木材与木制品具有可锯、可刨、可削、可凿等加工性能，还能通过粘、钉、开榫等方法，拼装成各种配件（见图1-21）。加工与拼装构造最直观，但是要考虑配件构造的承载性能，避免在施工、使用过程产生脱落、开裂。

图 1-20　玻化砖挂钩

图 1-21　切割板材

（3）搁置与砌筑。一般是指水泥、砖块等材料的施工构造，通过一些专用胶凝材料将这些分散的块材相互搁置、垒砌，最终成为完整的砌体。装修中常用搁置与砌筑构造的配件有花台（见图1-22）、窗台、隔断、搁板、砖砌壁橱等。

在施工设计中，一定要明确基础施工（见图1-23）、饰面施工（见图1-24）、配件施工三者之间的关系，要

图 1-22　花岗石砌筑花台

求在任何设计项目中都首先考虑它们的存在方式，依次紧密衔接，才能达到最终的施工目的。

图 1-23　吊顶基础构造

图 1-24　吊顶饰面构造

三、施工发展

目前，施工也正随着装饰材料的更新在不断进步，施工主要向安全、完整、环保、高效等方向发展。

1. 注重施工安全

装修施工必须保证建筑结构安全，不能损坏现有的建筑构造，不能在混凝土空心楼板上钻孔或安装预埋件；不能超负荷集中堆放材料与物品；不能擅自

改动建筑主体结构或空间的主要使用功能。尤其不能破坏受力的梁柱、钢筋、墙体、楼板等建筑结构。局部拆除原有建筑可能一时不会造成安全问题，但是装修与后期配饰的自重较大，被拆除的建筑结构长期承载装修构造，就难免发生危险。因此，应考虑对原有构造进行加固处理（见图1-25）。

图 1-25　加固立柱结构

2. 保障设施完整

施工构造的设计与实施应保持公共设施的完整。不能擅自拆改现有水、电、气、通信等配套设施；不能影响管道设备的使用与维修；不能堵塞、破坏上下水管道（见图1-26）与垃圾道等公共设施；不能损坏所在地的各种公共标识。施工堆料不能占用楼道内的公共空间或堵塞紧急出口，避开公共通道、绿化地等市政公用设施。材料搬运中要避免损坏公共设施，造成损坏时，要及时报告有关部门修复。

图 1-26　排水管道

3. 采用环保工艺

装修施工所用材料的品种、规格、性能应符合设计要求及国家现行有关标准的规定。施工时应按设计要求进行防火、防腐、防锈、防蛀处理，在进场施工前，要对主要材料的品种、规格、性能进行验收，主要材料应有产品合格证书，有特殊要求的应有相应的性能检测报告与中文说明书。现场配制的材料应按设计要求或产品说明书制作。装修后的室内污染物如甲醛、氡、氨、苯与总挥发有机物，应在国家相关标准规范内。在设计施工时，应尽量减少胶黏剂的用量，以免造成空气污染，对于膨胀螺栓、钉子的用量也应进行精确计算，避免重复固定而造成浪费。

4. 提高施工效率

设计施工构造的同时要考虑施工流程，统一安排施工进度，避免出现长期待工、停工的现象。现代装修多采用集成化施工，将装饰材料在工厂、作坊、仓库等场所进行加工完毕后，再运输至施工现场组装，能降低现场施工、管理成本，提高了施工效率。特别适合施工面积较小的住宅、店铺、展示空间装修施工，这是现代装饰施工构造发展的主要方向。

补充要点

饰面施工的要求

饰面构造是装修施工构造中的重点，构造施工质量直接影响装修效果，要达到以下要求：

1. 连接牢靠。饰面层附着于结构层，如果构造措施处理不当，面层材料与基层材料膨胀系数不一，粘结材料的选择不当或受风化，都将会使面层剥落。

2. 厚度与分层。饰面构造往往分为若干个层次。由于饰面层的厚度与材料的耐久性、坚固性成正比，因而在构造设计时必须保证它具有相应的厚度。

3. 均匀与平整。饰面的质量标准，除了要求附着牢固外，还应该均匀、平整，色泽一致，清晰美观。要达到这些装饰效果，必须严格控制从选料到施工的全过程。

课后练习

1. 装饰材料包含哪些特性?

2. 装饰材料有哪些种类?

3. 怎样在设计施工中合理选择装饰材料?

4. 施工的要素是什么?

5. 怎样处理好装饰施工的三种类型?

6. 结合本章内容参观装修施工现场。

第二章

成品板材

　　成品板材是装饰材料中使用最频繁的材料，材料厂商将各种质地的原材料加工成不同规格的型材，方便了运输、设计、加工、保养等各个环节。由于原材料门类繁多，为了保证设计效果与装修品质，要注意合理选用成品板材。本章列举了目前国内市场上能购买到的所有成品板材，详细讲解成品板材的性能与施工构造。

第一节 木质板材

一、木芯板

　　木芯板又称为细木工板，俗称大芯板（见图2-1和图2-2）。木芯板具有质轻、易加工、握钉力好、不变形等优点，是现代木质构造装修的理想材料。

　　木芯板以杨木、桦木材种最好，质地密实，木质不软不硬，握钉力强，不易变形。木芯板的加工工艺分为手拼与机拼两种。手拼板材拼接不均匀，缝隙大，握钉力差，不能锯切加工，只适宜做部分装修的子项目，如用作实木地板的基层板等。而机拼板材拼接平整，承重力均匀，长期使用结构紧凑不易变形，适用于制作各种家具、构造（见图2-3）。

　　木芯板常见规格为2440mm×1220mm，厚度有15mm与18mm两种，其中15mm厚的木芯板市场价格130元／张左右，主要用于制作小型家具（台柜、床头柜）及装饰构造，18mm厚的板材为150～180元／张不等，主要用于制作大型家具（吧台柜、储藏柜）。

　　选购时，一般应挑选表面干燥、平整，节子、夹皮少的板材。仔细观察板材周边有无补胶、补腻子现象，胶水与腻子会遮掩残缺部位或虫眼（见图2-4）。必要时可以从侧面观察或锯开，检查芯板剖面的质量与密实度。

图 2-1　木芯板

图 2-2　木芯板剖面

图 2-3　木芯板

图 2-4　木芯板剖面

二、生态板

生态板是将带有不同颜色或纹理的纸放入三聚氰胺树脂胶黏剂中浸泡，然后干燥固化到一定程度，将其铺装在木芯板、指接板、胶合板、刨花板、中密度纤维板等板面，经热压而成且具有一定防火性能的装饰板（见图2-5和图2-6）。

生态板的规格为2440mm×1220mm，厚度为15～18mm，其中15mm厚的板材价格为120～240元/张，特殊花色品种的板材价格较高。选购生态板时，除了挑选色彩与纹理外，主要观察板面有无污斑、划痕、压痕、孔隙、气泡，尤其是颜色光泽是否均匀，有无鼓泡现象、有无局部纸张撕裂或缺损现象。

图 2-5　生态板（一）

图 2-6　生态板（二）

三、指接板

指接板又称为机拼实木板，由多块经过干燥、裁切成形的实木板拼接而成（见图2-7）。指接板的各向抗弯压强度平均，板材材种以杨木、桦木为最好，质地密实，木质不软不硬，握钉力强，不易变形。

指接板在制作过程中，可以保留自身所固有的天然纹理，也可以根据设计需要制作外部贴面。指接板在生产过程中用胶量比传统木芯板少得多，因此比木芯板更环保。指接板的性能相对稳定，强度为天然实木的1~1.5倍，表面平整，物理性能与力学性能良好，具有质坚、吸声、隔热等特点，而且含水率不高，在10%~13%，加工简便（见图2-8）。

指接板主要用于室内家具与木构造制作，是一种小材大用的低成本装饰型材（见图2-9）。指接板常见规格为2440mm×1220mm，厚度主要有12mm、15mm、18mm等3种，最厚可达36mm。普通单层指接板厚度为12mm与15mm，市场价格为120元/张左右，主要用于支撑构造，三层指接板厚度为18mm，市场价格为160元/张左右，主要用于家具、构造的各种部位，甚至装饰面层（家具柜门板）。鉴别指接板的质量主要是看芯材年轮，其年轮越大，则说明树龄长，材质好。

图2-7 指接板（一）

图2-8 指接板（二）

图2-9 指接板制作的家具

四、胶合板

胶合板又称为夹板，是将椴木、桦木、榉木、水曲柳、楠木、杨木等原木经蒸煮软化后，沿年轮旋切或刨切成大张单板，这些单板通过干燥后纵横交错排列，使相邻两张单板的纤维相互垂直，再经加热胶压而成的人造板材（见图2-10和图2-11）。

图 2-10　胶合板

图 2-11　胶合板剖面

胶合板主要用于装修中木质制品的背板、底板，由于厚薄尺度多样，质地柔韧、易弯曲，也可以配合木芯板用于结构细腻处，弥补了木芯厚度均一的缺陷，或用于制作隔墙、弧形吊顶、装饰门面板、墙裙等构造。

胶合板常见规格为2440mm×1220mm，厚度根据层数增加，一般为3～22mm多种厚度。主要用于木质家具、构造的辅助拼接部位，也可以用于弧形饰面，市场销售价格根据厚度不同而不等。常见9mm厚的胶合板价格为50～80元／张。选购时，一般选购木纹清晰，正面光洁平滑的板材，要求平整无滞手感，板面不应有破损、碰伤、硬伤、疤节、脱胶等疵点（见图2-12）。如果有条件应当将板材剖切，仔细观察剖切截

图 2-12　胶合板表面

面，单板之间均匀叠加，不应有交错、裂缝或腐朽变质等现象。

五、薄木贴面板

薄木贴面板又称为装饰木皮，属于胶合板中的一种，全称为装饰单板贴面胶合板，它是将天然木材或科技木刨切成0.2~0.5mm厚的薄片，黏附于胶合板表面后热压而成，是一种高档装修饰面材料（见图2-13）。

薄木贴面板具有花纹美丽、种类繁多、装饰性好、立体感强的特点（见图2-14），主要用于家具及木制构件的外部饰面，涂饰油漆后效果更佳。薄木贴面板一般分为天然板与科技板两种，天然薄木贴面板采用名贵木材经过热处理后刨切或半圆旋切而成，压合并粘接在胶合板上，纹理清晰、质地真实、价格较高。科技板表面装饰层则为印刷品、易褪色、变色，但是价格较低，也有很大的市场需求量，只是用在受光部位容易褪色。薄木贴面板的规格为2440mm×1220mm×3mm。天然板的整体价格较高，根据不同树种来定价，一般都在60元/张以上，而科技板的价格多在30~40元/张。

选购时，应注意产品的美感，色

图 2-13　薄木贴面板剖面

图 2-14　薄木贴面板样本

泽清晰，材质细腻，纹路美观，能够感受到其良好的装饰性。反之，如果有污点、毛刺沟痕、刨刀痕或局部发黄、发黑就很明显属于劣质或已被污染的板材。还可以使用0号砂纸轻轻打磨边角，观测是否褪色或变色，无褪色或变色即为天然板，反之则是质地较差的科技板。

六、纤维板

纤维板是人造木质板材的总称，一般也可以称为密度板，是采用各种木质纤维为原料，经打碎、纤维分离、干燥后施加胶黏剂，最后热压而成的人造木质板材（见图2-15）。

纤维板的构造致密，隔声、隔热、绝缘、抗弯曲性较好，生产原料来源广泛，成本低廉，但是对加工精度与工艺要求高。现代纤维板细分为以下几种。

1. 装饰纤维板

目前，市场上所销售的纤维板外表面一般覆有彩色喷塑装饰层，色彩丰富多样，可选择性强。胶合板、纤维板表面经过压印、贴塑等处理方式，被加工成各种装饰效果，广泛应用于装修中的家具贴面、门窗饰面、墙顶面装饰等领域（见图2-16）。

图 2-15　纤维板

图 2-16　装饰纤维板制作的家具

纤维板的规格为2440mm×1220mm，厚度为3～25mm不等，常见的15mm厚中密度覆塑纤维板价格为80～120元／张。以最普及的中密度纤维板为例，优质板材应该特别平整，厚度、密度应该均匀，边角没有破损，没有分层、鼓包、炭化等现象，无松软部分。

2. 波纹板

波纹板是纤维板的一种，其特性与纤维板相同，构造致密。隔声、隔热、绝缘、抗弯曲性较好，生产原料来源广泛，成本低廉，但是对加工精度与工艺要求高。波纹板表面造型立体流畅，颜色缤纷多彩。波纹板的产品类别很丰富，如素板、纯白板、彩色板、金银箔板等。波纹板还可以根据设计要求，定制不同的图案、颜色、造型，四周可拼接（见图2-17和图2-18）。

图 2-17　波纹板展示　　　　　图 2-18　波纹板应用

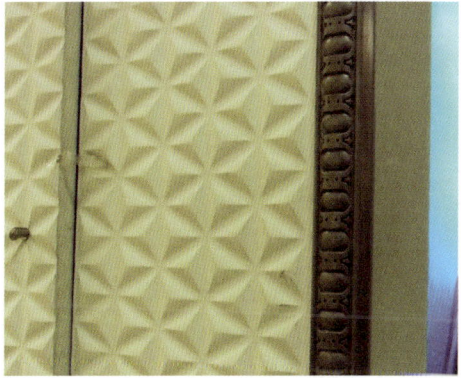

波纹板规格为2440mm×1220mm，厚度为10～25mm不等，常见15mm厚的素板价格为80～100元/张，彩色板、金银箔板等特殊产品价格为180～400元/张不等。选购时，要仔细观察板面是否光滑，有无污渍、水渍、胶渍，板面四周应当细密、结实、不起毛边。可以用手敲击板面，声音清脆悦耳，均匀的纤维板质量较好，如果声音沉闷，则可能已出现散胶、分离现象。

3. 吸声板

吸声板是在普通高密度纤维板基础上制成的具有吸声功能的装饰板材。吸声板表面覆盖塑料装饰层，具有条状开孔，背后覆盖软质纤维材料，通过多种材料叠加起到吸声作用。吸声板表面柔顺、丰富，有多种色彩纹理可供选择，可以拼装多种花色或图案，能满足各种中高档装修的需求（见图2-19和图2-20）。

图 2-19　吸声板样本

图 2-20　吸声板应用

吸声板结合各种吸声材料的优点，采用天然纤维板热压成型，其装饰性强，施工简便，能通过简单的切割设备，变换出多种造型。吸声板的规格为 2440mm×1220mm，厚度为 18～25mm 不等，常见 18mm 厚的覆面吸声板价格为 200～300 元／张。选购时，要注意板材厚度应均匀，板面应平整、光滑，没有污渍、水渍、粘迹。板面四周细密、结实、不起毛边。可以用手敲击板面，声音清脆悦耳，均匀的纤维板质量较好，如果声音发闷，则可能发生散胶现象。

4. 刨花板

刨花板又称为微粒板、蔗渣板，也有进口高档产品称为定向刨花板或欧松板（见图2-21和图2-22）。刨花板的结构比较均匀，加工性能好，可以根据需要加工成大幅面板材，且吸声与隔声性能也很好。但是刨花板的边缘粗糙，容易受潮。

图 2-21　刨花板

图 2-22　定向刨花板表面

刨花板在裁板时容易形成参差不齐的现象，所以部分工艺对加工设备要求较高，不宜现场制作，多在工厂车间加工后运输到施工现场组装。

刨花板的规格为2440mm×1220mm，厚度为3～75mm不等，常见19mm厚的覆塑刨花板价格为80～120元／张。选购时，要注意板材的边角质量，板芯与饰面层的接触应该特别紧密、均匀，不能有任何缺口。用手抚摸未饰面刨花板的表面，应该比较平整，无木纤维毛刺。

七、木地板

由于木材的导热性适合人体体温，并且方便开采、加工，于是常用木材作为地面铺设材料。在现代装修中，用于地面铺设的木质材料主要可以分为实木地板、实木复合地板、强化复合木地板、竹地板四种。

1. 实木地板

实木地板是采用天然木材，经加工处理后制成条状或块状的地面铺设材料。实木地板对树种的要求相对较高，档次也由树种不同而拉开。

（1）国产阔叶材。这类树种有榉木（见图2-23）、柞木、花梨木、檀木、楠木、水曲柳、槐木、白桦、红桦、枫桦、檫木、榆木、黄杞、白蜡木、红桉、柠檬桉、核桃木、楸木、樟木、椿木等。

（2）国产针叶材。这类树种有红松、落叶松、红杉、铁杉、云杉、油杉、水杉等。

（3）进口材。这类树种有紫檀、柚木、花梨木、酸枝木、榉木、桃花芯木、甘巴豆、大甘巴豆、龙脑香、木夹豆、乌木、印茄木、重蚁木（见图2-24）、白山

图 2-23 榉木地板

图 2-24 重蚁木地板

榄长、水青冈等。

优质木地板应具有自重轻、弹性好、构造简单、施工方便等优点，其自然纹理与其他装饰物能相配。优质实木地板无污染，无论怎样加工使之变成各种形状，始终不失其自然本色，具有冬暖夏凉的感觉。优质实木地板中带有可抵御细菌、稳定神经的挥发性物质，是理想的地面装饰材料（见图2-25和图2-26）。但是实木地板不耐酸碱，且易燃，所以一般只用于室内地面铺设。

图 2-25　实木地板　　　　　　　图 2-26　实木地板与踢脚线

实木地板的规格根据不同树种来订制，宽度为90～120mm，长度为450～900mm，厚度为12～25mm。优质实木地板表面经过烤漆处理，应具备不变形、不开裂的性能，含水率均控制在10%～15%，中档实木地板的价格一般为300～600元／m²。选购时，应观测木地板的精度，一般木地板开箱后可取出几块地板观察，看拼装缝隙与相邻板间高度差，用手平抚感到无明显高度差即可。还可以采用0号砂纸打磨地板表面，观察漆面是否脱落。注意识别木地板的真实树种，不要被商品名所惑，要弄清材质，注意地板背面材料与正面是否一致。

2. 实木复合木地板

实木复合地板是利用珍贵木材或木材中的优质部分作表层，采用材质较差或成本低廉的木材作中层或底层，构成经高温高压制成的多层结构的地板。实木复合地板不仅合理利用了优质材料，提高了地板的装饰效果，而且也增强了地板的力学性能（见图2-27和图2-28）。实木复合地板的规格与实木地板相当，但是价格要比实木地板低，中档产品一般为200～400元／m²。

图 2-27　实木复合地板

图 2-28　实木复合地板背面

选购时，要注意观察表层厚度，表层板材越厚，耐磨损的时间就越长，进口优质实木复合地板的表层厚度一般在4mm以上。可以用卷尺实测或与不同品种相比较，拼合后观察其榫槽结合是否严密，结合的松紧程度如何，拼接表面是否平整。

3. 强化复合木地板

强化复合木地板由多层不同材料复合而成，其主要复合层从上至下依次为：耐磨层、印刷层、高密度板层、缓冲层、防潮层。其中耐磨层用于防止地板基层磨损；印刷层为饰面贴纸，纹理色彩丰富，设计感较强；高密度板层是由木纤维及胶浆经高温高压压制而成的；缓冲与防潮层垫置在高密度板层下方，用于防裂、防潮，起到保护基层板的作用（见图2-29和图2-30）。强化复合木地板

图 2-29　强化复合木地板（一）

图 2-30　强化复合木地板（二）

的规格长度为900～1500mm，宽度为180～350mm，厚度为8～18mm，其中，厚度越高，价格越高。目前市场上售卖的复合木地板以12mm厚的产品居多，价格为80～120元／m²。

选购时，可以用0号粗砂纸在地板表面反复打磨，约50次，如果没有褪色或磨花，则说明产品质量不错（见图2-31）。注意观察企口的拼装效果，可拿两块地板拼装后观察企口是否整齐、严密（见图2-32）。此外，用鼻子仔细闻一下，如果没有刺激性气味就说明质量合格。

图 2-31　打磨表面

图 2-32　试拼装

4. 竹地板

竹地板是竹子经处理后制成的地板，与木地板相比，竹地板具有良好的质感，组织结构细密，材质坚硬，具有较好的弹性，脚感舒适，装饰自然而大方。竹地板的力学性能稳定，不易变形开裂，耐磨性好。竹地板具有别具一格的装饰性，竹材色泽淡雅，色差小，纹理通直且很有规律，竹节上有点状放射性花纹（见图2-33和图2-34）。

图 2-33　竹地板（一）

图 2-34　竹地板(二)

由于竹地板生产对竹材的竹龄有一定要求，一般需达3~4年，在生产中就限制了原料的来源，增加了生产成本。中档竹地板产品价格一般为150~300元／㎡，具体规格与实木地板相当。选购时，应注意材质品种，正宗楠竹的纤维较其他竹材更坚硬密实，抗压抗弯强度高、耐磨、防潮、密度高、韧性好、伸缩性小。观察竹地板的侧面与剖面胶合技术，竹地板

图2-35　竹地板剖面

经高温、高压胶合而成，优质竹地板6面淋漆，并粘贴防潮层（见图2-35）。

八、木质板材施工

木质板材在装修施工中一般用于门窗套、窗帘盒、各种家具柜件制作，此外，实木地板的铺装也比较严格。

1. 门窗套施工

门窗套用于保护门、窗边缘墙脚，防止日常生活中的无意磨损，门窗套还适用于门厅、走道等狭窄空间的墙脚。

（1）施工方法。首先，清理门窗洞口基层，改造门窗框内壁，修补整形，放线定位，根据设计造型在窗洞口钻孔并安装预埋件。然后，根据实际施工环境对门窗洞口做防潮处理，制作木龙骨或木芯板骨架安装到洞口内侧，并做防火处理，调整基层尺寸、位置、形状。接着，在基层构架上钉接木芯板、胶合板或薄木饰面板，将基层骨架封闭平整。最后，钉接相应木线条收边，对钉头作防锈处理，全面检查（见图2-36）。

（2）施工要点。门窗洞口应方正垂直，预埋件应符合设计要求，并做防腐处理。根据洞口尺寸，门窗中心线与位置线，用木龙骨或木芯板制成基层骨架，并做防潮、防火处理，横撑位置必须与预埋件位置重合。基层骨架应平整牢固，表面须刨平。安装基层骨架应方正，除预留出板面厚度外，基层骨架与

(a) 清理门窗套内框	(b) 找平并钉接木芯板	(c) 制作门套	(d) 门套边侧与门框衔接
(h) 涂刷油漆并用砂纸打磨	(g) 木质线条对角成45°	(f) 粘贴木皮装饰门窗套	(e) 门套边框预留一定空间

图 2-36　门窗套施工方法

预埋件的间隙应用胶合板填充，并连接牢固。安装洞口基层骨架时，一般先上端，后两侧，洞口上部骨架应与紧固件连接牢固。饰面板颜色、花纹应协调一致。面板应略大于格栅骨架，大面应净光，小面应刮直。木纹根部应向下，长度方向需要对接时，花纹应通顺，接头位置应避开视线平视范围，接头应留在横撑上。饰面板接头应为45°，饰面板与门窗套板面结合应紧密、平整，饰面板或线条盖住抹灰墙面应不小于10mm（见图2-37）。

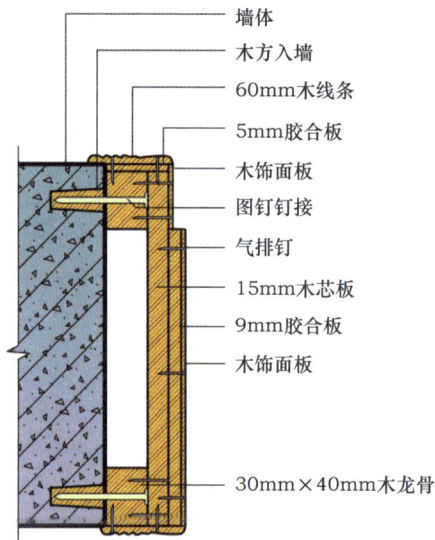

图 2-37　门套构造

墙体
木方入墙
60mm木线条
5mm胶合板
木饰面板
图钉钉接
气排钉
15mm木芯板
9mm胶合板
木饰面板
30mm×40mm木龙骨

2. 窗帘盒施工

窗帘盒一般有两种形式，一种是装修空间中有吊顶，窗帘盒隐蔽在吊顶内，在制作顶部吊顶时就一同完成；另一种是装修空间中无吊顶，窗帘盒固定在墙上，或与窗框套成为整体。无论哪种形式，窗帘盒都要与墙、顶面紧密结合起来。

（1）施工方法。首先，清理墙、顶面基层，放线定位，根据设计造型在墙、顶面上钻孔，安装预埋件。然后，根据设计要求制作木龙骨或木芯板窗帘盒，并作防火处理，安装到位，调整窗帘盒尺寸、位置、形状。接着，在窗帘盒上钉接饰面板与木线条收边，对钉头做防锈处理，将接缝封闭平整。最后，安装并固定窗帘滑轨，全面检查调整（见图2-38）。

(a) 窗帘盒基层制作　　(b) 内部用木芯板封底　　(c) 滑轨凹槽深度为150mm左右

(f) 明装窗帘盒可用角钢焊接　　(e) 明装窗帘盒粘贴石膏线条　　(d) 涂刷乳胶漆后安装滑轨

图2-38　窗帘盒施工方法

（2）施工要点。窗帘盒的规格为高100mm左右，单杆宽度为120mm左右，双杆宽度为150mm以上，长度至少应超过窗口宽度300mm，窗口两侧各超出150mm，最长可与墙体一致。制作窗帘盒使用木芯板，如饰面为清油涂刷，应采用与窗框套同材质的饰面板粘贴，粘贴面为窗帘盒的外侧面与底面。贯通式窗帘盒可直接固定在两侧墙面及顶面上，非贯通式窗帘应使用金属支架，为保证窗帘盒安装平整，两侧距窗洞的长度相等，安装前应先放线定位（见图2-39）。

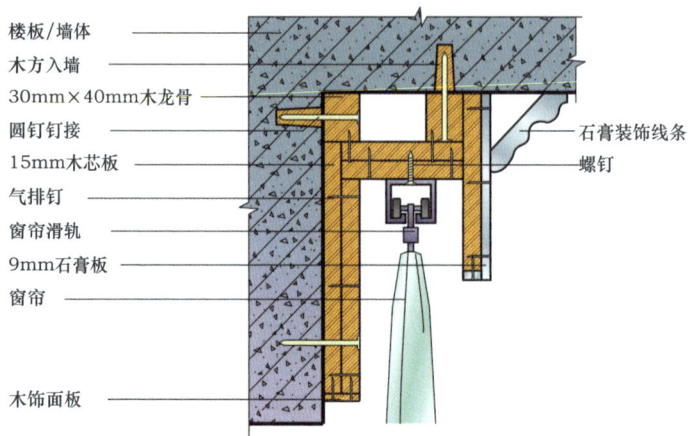

楼板/墙体
木方入墙
30mm×40mm木龙骨
圆钉钉接
15mm木芯板
气排钉
窗帘滑轨
9mm石膏板
窗帘
木饰面板

石膏装饰线条
螺钉

图 2-39　窗帘盒构造

3. 家具柜件施工

常见的木质柜件包括鞋柜、电视柜、装饰酒柜、书柜、衣柜、储藏柜与各类木质隔板，木质柜件制作在木构工程中占有相当比重。虽然现在也有采用成品家具或订购集成家具，但是现场制作的柜件能与建筑结构紧密相连，可以选用更优质的板材。下面就以衣柜为例，详细介绍施工方法与要点。

（1）施工方法。首先，清理制作衣柜的墙面、地面、顶面基层，放线定位，根据设计造型在墙面、顶面上钻孔，放置预埋件。然后，对板材涂刷封闭底漆，根据设计要求制作指接板或木芯板柜体框架，调整柜体框架的尺寸、位置、形状（见图2-40）。接着，将柜体框架安装到位，制作抽屉、柜门等构件，钉接饰面板与木线条收边，对钉头做防锈处理，将接缝封闭平整。最后，安装各种铰链、拉手、挂衣杆、推拉门等五金件，全面检查调整。

（2）施工要点。用于制作衣柜的指接板、木芯板、胶合板必须为高档环保材料，无裂痕、无蛀腐，且用料合理。制作框架前，板材表面内面必须涂刷封闭底漆，靠墙的一面须涂刷防潮漆。柜体深度应不大于700mm，单件衣柜的宽度应不大于1600mm，过宽的衣柜应分段制作再拼接，板材接口与连接处必须牢固。平开门的门板宽度一般应不大于450mm，高度应不大于1500mm，最好选用E0级18mm厚高档木芯板制作。薄木饰面板表面不能有缺陷，在完整的饰面上不能看到纹理垂直方向的接口，平行方向的接缝也要拼密，其他偏差范围应严格

(a) 搬运前涂刷清漆　　(b) 放线定位　　(c) 切割板材　　(d) 刨子抛光板材
封闭木质纤维　　　　　　　　　　　　　　　　　　　　　　侧边

(h) 板材侧面用木质　　(g) 柜件与砖墙保持　　(f) 利用石膏板与　　(e) 气枪固定线条
线条遮盖　　　　　　　距离防止受潮　　　　砖墙空间制作柜件

图 2-40　家具柜件施工方法（一）

控制在有关审美范围之内。安装饰面板时，要注意将该处的强、弱电线拉出，出线孔的位置、标高应符合原始设计要求。饰面板拼接花纹时，接口紧密无缝隙，木纹的排列应纵横连贯一致。安装时尽可能采用气排钉固定，控制钉孔的数量与明显度。木质装饰线条收边时应与周边构造平行一致，连接紧密均匀（见图2-41）。

4. 实木地板施工

实木地板施工比较复杂，为了保障施工质量，不能在操作中删减材料与工艺。

（1）施工方法。首先，清理房间地面，根据设计要求放线定位，钻孔安装预埋件，并固定木龙骨。然后，对木龙骨及地面做防潮、防腐处理，铺设防潮垫，将木芯板钉接在木龙骨上，并在木芯板上放线定位（见图2-42）。接着，从内到外铺装木地板，使用地板专用钉固定，安装踢脚板与分界条。最后，调整修补，打蜡养护。

（2）施工要点。木地板安装前应进行挑选，剔除有明显质量缺陷的不合格

(a) 地面上制作好柜件框架　　(b) 板材交错要分配均衡　　(c) 钉接薄木贴面板到木芯板　　(d) 安装抽屉滑轨

(h) 推拉门衣柜顶部柜门为内嵌式　　(g) 衣柜抽屉宽度不要超过800mm　　(f) 进行开启、关闭抽屉测试　　(e) 滑轨需对齐平行

图 2-41　家具柜件施工方法（二）

品。将颜色花纹一致的预铺在同一空间内，有轻微质量缺欠但不影响使用的，可以铺设在床、柜等家具底部，同一空间的板材厚度应一致。铺装实木地板应避免在大雨、阴雨等气候条件下施工，最好能够保持室内温度、湿度的稳定。如果地面基层不平整，应该用水泥砂浆找平后再铺贴木地板，基层含水率应不大于15%。实木地板要先安装地龙骨，再铺装木芯板，龙骨应使用松木、杉木等不易变形的树种，木龙骨、踢脚板背面均应进行防腐处理。安装龙骨时，要用预埋件固定木龙骨，预埋件应该为膨胀螺栓，不能采用水泥钉替代。预埋件间距应不大于600mm，从地面钻孔向楼板内安装。实铺实木地板应采用木芯板作为基层板，对于防潮性较好的房间或高档实木地板也可以直接铺设在防潮垫上。

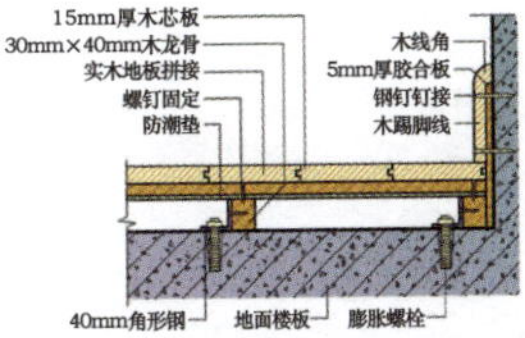

(a) 实木地板铺装构造

- 15mm厚木芯板
- 30mm×40mm木龙骨
- 实木地板拼接
- 螺钉固定
- 防潮垫
- 40mm角形钢
- 地面楼板
- 膨胀螺栓
- 木线角
- 5mm厚胶合板
- 钢钉钉接
- 木踢脚线

(b) 清理地面并放线定位

(c) 使用电锤钻孔

(f) 撒活性炭防止地板受潮变形

(e) 用电子水平仪校对木龙骨平整度

(d) 钉接木龙骨

(g) 在木龙骨上铺设防潮垫

(h) 防潮垫上钉接木芯板

(i) 在木芯板上铺装实木地板

图 2-42　实木地板施工方法

补充要点

原木与木龙骨

原木是指按尺寸、形状、质量等规定截成一定长度的木段，常被进一步加工成木龙骨、木板或其他规格的木料产品。原木的种类很多，榉木、松木、杉木、椴木等树种均可加工成原木，常用于围栏、木质家具、吊顶隔墙龙骨等部位，表面可以继续覆盖其他装饰材料，或经过打磨后直接涂饰木器漆。

由原木加工而成的木龙骨截面一般为矩形或正方形，要根据使用部位不同而采取不同尺寸的截面（见图2-43）。用于室内吊顶、隔墙的主龙骨截面尺寸为50mm×70mm或60mm×60mm，而次龙骨截面尺寸为40mm×60mm或50mm×50mm。用于轻质扣板吊顶或实木地板铺设的龙骨截面尺寸为30mm×40mm或25mm×30mm。

图2-43 木龙骨

木龙骨的长度主要有3m和6m两种，其中3m长的产品截面尺寸较小，一般为30mm×40mm，价格为2元／m。

软木墙板

软木墙板是一种高级软质木料制品，原材料一般为橡树皮，质地柔软、舒适，防潮与隔声效果好（见图2-44）。软木墙板可分为纯软木墙板、复合软木墙板、静音软木墙板等3类。

1. 纯软木墙板。板材厚度为4～5mm，花色纹理原始，并没有固定花纹，最大特点是用采用纯软木制成，质地纯净且环保。

2. 复合软木墙板。板材构造一般为3层，表层与底层均为软木，中间层夹1块带企口（锁扣）的中密度板，厚度可达到10mm左右，里外两层软木能达到良好的静音效果。

3. 静音软木墙板。是软木与纤维板的结合体，最底层为软木，表层为复合地板，中间层为中密度板，厚度可达到14mm，静音效果较好。

软木墙板适用于墙面铺装，具体尺寸视空间面积需求定制，一般规格为900mm×300mm×10mm等，价格为200～300元／m²，纯软木墙板的价格较高，为300～500元／m²。选购软木墙板时要注意板面是否光滑，有无鼓凸颗粒，软木颗粒是否纯净，地板边长是否半直，检验板面弯曲强度，是否因弯曲产生裂痕。

防腐木地板

防腐木地板是将防腐剂经真空加压压入木材，然后经200℃左右高温蒸压，使其具有防腐烂、防白蚁、防真菌的功效，主要用于户外施工，是阳台、庭院、广场等户外木地板、木栈道及其他木质构造的主要材料（见图2-45）。

我国防腐木的原材料多为樟子松，樟子松木质细、纹理直，经过防腐处理后，能有效防止霉菌、白蚁、微生物的侵蚀，抑制木材含水率的变化，减少木材的开裂程度。此外，还有一种不经过防腐剂处理的防腐木，又称热处理木，炭化木。炭化木是将木材的有效营养成分炭化，通过切断腐朽菌生存的营养链来达到防腐目的。防腐木能在各种户外气候环境中使用30年。

图2-44　软木墙板

图2-45　防腐木地板

第二节　塑料板材

一、亚克力板

亚克力板又称为聚甲基丙烯酸甲酯板或有机玻璃板，简称PMMA板，是一种常见的装饰塑料板材（见图2-46）。

亚克力板可以分为浇铸板与挤出板两种，其中浇铸板的密度较高，具有出色的刚度、强度以及优异的抗化学品性，适合在装修现场进行小批量加工，产品规格齐全，样式繁多。在装修中用于各种定制加工的发光灯箱，色彩丰富、美观平整，兼顾白天、夜晚两种视觉效果。挤出板的密度较低，机械性能稍弱。但是有利于折弯或热成型加工，有利于快速真空吸塑成型。

亚克力板的机械强度高，抗拉伸与抗冲击能力比普通玻璃高8倍。它的重量轻，同等规格的亚克力板，其重量只有普通玻璃的50%左右。亚克力板具有极佳的透明度，无色透明有机玻璃板材，透光率达92%以上，比玻璃的透光度高，它对自然环境适应性很强，即使长时间经受日光照射、风吹雨淋也不会发生改变，抗老化性能好，能用于室外。

图2-46　亚克力板

亚克力板可以染色，还可以进行喷漆、丝网印刷或真空镀膜，具有无色透明、有色、珠光等样式。此外，亚克力板无毒，燃烧时所产生的气体也无毒害。亚克力板常用于门窗玻璃、扶手护板、透光灯箱片、成品家具等，在装修中可以替代面积不大的普通玻璃。

亚克力板常见规格为2440mm×1220mm、1830mm×1220mm、1250mm×2500mm、2000mm×3000mm，厚度为1～50mm不等，价格也因此不同。常用的2440mm×1220mm×3mm透明PMMA板价格为20～30元／张。选购时，应注意中高档产品双面都贴有覆膜，普通产品只是一面有覆膜，覆膜表面应该平整、光洁，没有气泡、裂纹等瑕疵，用手剥揭后能感到具有次序的均匀感，无特殊阻力或空洞。

二、聚碳酸酯板

聚碳酸酯板简称为PC板，主要成分是聚碳酸酯。它的透光率最高可达90%，可与玻璃相媲美，表面镀有抗紫外线（UV）涂层，在太阳光下曝晒板材不会发黄、雾化，能阻挡紫外线穿过，比较适合保护贵重艺术品及展品，使其不受紫外线破坏。板材的抗撞击强度是普通玻璃的250～300倍，是同等厚度亚克力板的30倍，是钢化玻璃的10倍。但是其质量仅为玻璃的50%，节省运输、搬卸、安装以及支撑框架的成本。板材燃烧时不会产生有毒气体，不会助长火势的蔓延。聚碳酸酯板还可以依照设计方案在施工现场采用冷弯或热弯工艺加工成拱形。聚碳酸酯板的品种很多，主要为阳光板与耐力板。

图 2-47　阳光板

1. 阳光板

阳光板又称为聚碳酸酯中空板、玻璃卡普隆板，是以高性能聚碳酸酯（PC）树脂加工而成，是一种无定型、无臭、无毒、高度透明的热塑性材料，具有优良的物理机械性能，尤其是耐热性与耐低温性较好，能在–40~110℃下长期使用，无明显熔点（见图2-47）。

阳光板是中空的多层或双层结构，主要有白、绿、蓝、棕等颜色。阳光板具有透明度高、质轻、抗冲击、隔声、隔热、难燃、抗老化等特点，是一种高科技、综合性能极其卓越、节能环保型塑料板材，是目前国际上普遍采用的塑料材料。PC阳光板主要应用于室外雨篷、屋檐等部位（见图2-48和图2-49），阳光房的顶面或侧面围合，也可以用于装修吊顶、灯箱、装饰墙板、推拉柜门等构造上，更适合制作阳光顶棚、围合隔断等构造。

阳光板的规格为2440mm×1220mm，厚度有4mm、5mm、6mm、8mm等多种，色彩主要有无色透明、绿色、蓝色、蓝绿色、褐色等，适用性非常强，如果需

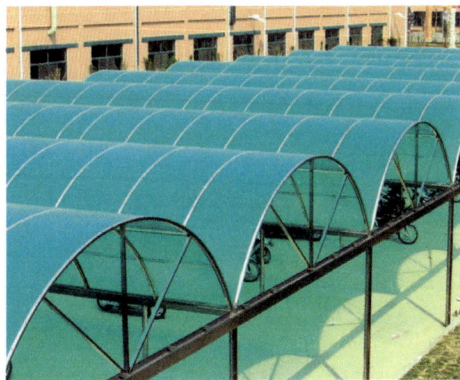

图 2-48　阳光板雨篷

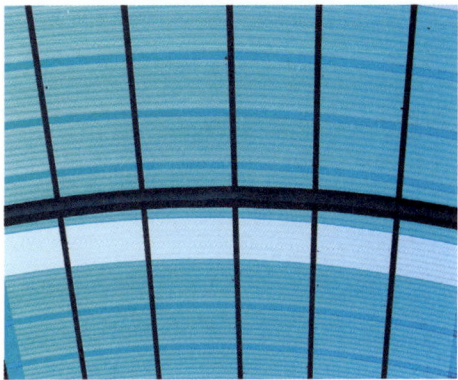

图 2-49　阳光板雨篷局部

要改变阳光板的颜色，可以在板材表面粘贴半透明有色PVC贴纸。5mm厚阳光板价格为60～100元／张。选购时，应该注意表面的光洁度，优质产品特别平整，其中竖向构造的外凸感不强或完全没有触感。可以将板材弯曲，优质产品能在长度方向轻松达到首尾对接并且还有余地，弯曲弧形自然圆整，恢复后不变形，低档产品弯曲后呈椭圆形或不规则圆形。

2. 耐力板

耐力板又称为聚碳酸酯实心板、PC防弹玻璃、PC实心板等。有厂商将耐力板继续加工成波浪造型，变成实心耐力瓦，有透明、湖蓝、绿、茶、乳白等多种颜色（见图2-50～图2-52）。耐力板的最大特点是耐冲击性能好，是普通玻璃的200倍，几乎没有断裂的危险性。耐力板的透明性好，采光极佳，透光率高达90%，而其透明度可与玻璃相媲美。优质产品的表面覆有UV剂（抗紫外线），具有吸收紫外线，并转化为可见光，户外可保证10年不褪色；耐力板不仅不自燃，还具有自熄性。

耐力板适用于各种装饰背景墙、发光灯箱，特别适合不便于安装玻璃的狭小空间、弧形空间（见图2-53）。PC耐力板还可以制作成各种家具或构造，如展示台柜、书柜、酒柜，适合展示小件装饰品。在灯光照射下，不会产生玻璃偏蓝色、绿色的效果。

耐力板的规格为2440mm×1220mm，厚度为2～15mm，也有厂家可以生产宽度达到2500mm的产品。常见4mm厚的透明耐力板价格为30～50元／张。选购时，优质产品表面都贴有保护膜，用手揭开保护膜的边角，如果揭开幅度均匀，膜与板材之间的结合度好则说明质量好。如果保护膜上存在划痕、气泡，

图 2-50　耐力板

图 2-51　耐力板揭膜

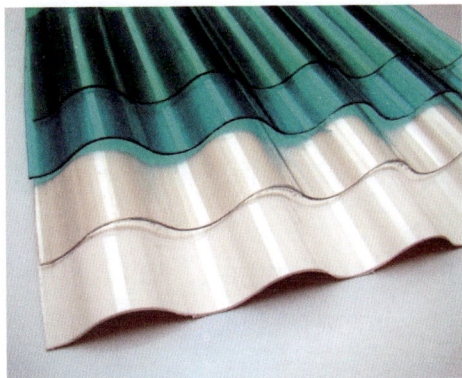

图 2-52　实心耐力瓦

图 2-53　耐力板制作灯箱

则说明板材表面已被外力划伤，则不宜选购。

三、聚氯乙烯板

聚氯乙烯板简称PVC板，这种板材适用范围很广。聚氯乙烯板可分为硬聚氯乙烯板与软聚氯乙烯板，其中硬聚氯乙烯板占市场销售比例约70%，软聚氯乙烯板占30%。硬聚氯乙烯板具有优良的耐腐蚀性、绝缘性、柔韧性，且易成型、不易碎、无毒无污染、保存时间长，并有一定的机械强度，主要用于家具、构造的内外装饰板、衬板等，包括有色板与透明板两种（见图2-54）。软聚氯乙烯板一般用于墙地面铺设，但由于软聚氯乙烯板中含有柔软剂，容易变脆，不易保存，所以它的使用范围受到了限制（见图2-55）。

图 2-54　硬聚氯乙烯板

图 2-55　软聚氯乙烯板

在装修中应用最多的就是硬质吊顶扣板（见图2-56），它的图案较多，长度为3m与6m两种，宽度一般为250mm，厚度有4mm、5mm、6mm等，价格为15～30元／m²。选购时，要注意外表美观、平整，板面应平整光滑、无裂纹、无磕碰，能拆装自如，表面有光泽、无划痕，用手敲击板面声音清脆。用力捏板材，如捏不断则说明板质刚性好。

目前，市场上出现了新型聚氯乙烯吊顶扣板，又称为塑钢扣板，即UPVC板。它是在氯乙烯树脂中加了一定的添加剂（如稳定剂、填充剂等）组成，使其增强了抗冲击与耐候性能，也可以认为是一种加强、加厚的聚氯乙烯吊顶扣板。聚氯乙烯吊顶扣板具有重量轻、不易变形、防水防火、防虫蛀、无毒无味、永不腐蚀、坚固耐用的特点，而且拼装方便、成本低、装饰效果好。因此在吊顶材料中占有重要位置，成为目前卫生间、厨房、封闭阳台等空间吊顶的主流材料（见图2-57）。

塑钢吊顶扣板规格长度有3m与6m两种，宽度一般为120～300mm，厚度有6mm、8mm等多种，价格为40～80元／m²。选购时，目测板面外观质量，应平整光滑，无裂纹，无磕碰，能装拆自如，表面无划痕。用手敲击板面声音应该清脆。

图2-56　聚氯乙烯吊顶扣板

图2-57　聚氯乙烯吊顶扣板型材

四、聚苯乙烯板

聚苯乙烯板又称为泡沫板或聚苯乙烯塑料板，简称PS板，以聚苯乙烯为主要原料，经挤出而成，是一种热塑性板材，能自由着色，无味无毒，不会滋生细菌，具有刚性、绝缘、印刷性好等优点（见图2-58）。聚苯乙烯板容易成型，但是耐热性太低，只有80℃，不能耐沸水，性脆且不耐冲击，易老化出现裂纹，易燃烧，燃烧时会冒出大量有毒黑烟。

聚苯乙烯板主要用于装饰构造中的隔声、保温层，以及轻质板材的夹芯层。较单薄的聚苯乙烯板也被称为聚苯乙烯防潮垫，用于木地板铺装基层（见图2-59）。由于聚苯乙烯板不耐热、性脆、不耐冲击等缺点，很少用于高档装饰。此外，在使用过程中要注意防火，将聚苯乙烯板密封在防火装饰构造中或与火源保持距离。例如，在制作石膏板隔墙、隔墙家具时，往往都会在墙体龙骨或板材之间填充一定厚度的聚苯乙烯板，表面再封闭石膏板等面材，这样能达到良好的隔声效果。

图 2-58　聚苯乙烯板

图 2-59　聚苯乙烯防潮垫

聚苯乙烯板规格为2000mm×1000mm，厚度为3～120mm，其中40～60mm厚的板材最常用，价格为15～20元／张。选购时，要注意产品的质地，优质产品应该富有弹性，用手用力按压会立即内凹，稍后能均匀反弹直至恢复原状。优质产品应为白色，米黄色、浅蓝色的杂质较多，为二次加工产品，颜色更深的中黄色、土黄色、蓝绿色等产品的弹性就更差了，其隔声效果也不好。此外，可以用手掂量板材，优质产品应该特别轻盈，能用手指轻松拾起，稍有空气流动即会被吹动，而劣质产品较重，容易用手掰断或掰裂。

五、塑料地板

塑料地板即是采用塑料材料铺设的地板，以高分子树脂为主要原料而制成的地面覆盖材料。按其基本原料可分为聚氯乙烯（PVC）塑料、聚乙烯（PE）塑料、聚丙烯（PP）塑料等多种。塑料地板具有较好的耐燃性与自熄性，其性能可以通过增添各种添加剂来改变，因此塑料地板的使用面最广。

塑料地板按其使用状态可分为块材（见图2-60）与卷材（见图2-61）两种。块材地板的优点是若出现局部破损，可以局部更换而不影响整个地面的外观。但是接缝较多，施工速度较慢。块材地板为硬质或半硬质地板，质量可靠，颜色有单色或拉花两个品种，其厚度不小于1.5mm，属于低档地板。卷材地板大部分产品厚度只有0.8mm，纹样自然、逼真，有仿木纹、仿石纹、纺织物纹样的图案，装饰效果好，脚感舒适，不易引起火灾，表面耐磨层强度高。

塑料地板与地毯、木质地板、石材、陶瓷地面材料相比，其价格相对便宜。常见的软质卷材地板成卷销售，也可以根据实际使用面积按直米裁切销售，一般产品宽度为1.8～3.6m，10m／卷，裁切后铺装到地面，平均价格为15～20元／m²。选购时，优质产品的表面应平整、光滑、无压痕、折印、脱胶，周边方正，切口整齐。目测不能有凹凸不平、光泽与色调不匀、裂痕等现象。可以采用360号砂纸在塑料地板表面反复打磨10～20次，表面无褪色或划伤即为合格。还可以用4H绘图铅笔在地板表面进行用力刻画，如没有划伤即为合格。

图 2-60　塑料地板块材

图 2-61　塑料地板卷材

六、塑料板材施工

塑料板材在现代装修施工构造中不会单独使用，而是依靠其他材料为骨架或基层进行制作，常见的施工构造为塑料板材镶嵌与塑料扣板吊顶两类。

1. 塑料板材镶嵌施工

镶嵌构造是指将厚度适宜的塑料板材镶嵌在金属、木质、塑料框架中，从而形成围合结构，适用于透光灯箱、推拉门窗等构造。

1）施工方法。首先，根据设计选择适当的框架材料，对框架材料进行加工、组装。然后，对塑料板材进行裁切加工，根据需要钻孔或安装连接件。接着，将塑料板材放置在框架中，并安装固定边条或螺钉。最后，调整修补，必要时采用胶水加固。

2）构造要点。塑料板材镶嵌的边框材料各异，没有明确要求，但是边框强度应大于板材的强度。塑料板材的厚度一般为3～15mm，过薄或过厚应采取其他加强措施。塑料板材镶嵌至边框中，周边与边框的接触面宽度应不小于5mm，不能有明显松动。如果采用螺钉固定，其间距应不大于400mm。如果采用胶水粘接，表面不能看到明显痕迹。待全部构造制作完毕后才能揭开塑料板材的表面覆膜（见图2-62）。

2. 塑料扣板吊顶施工

1）施工方法。首先，根据设计在吊顶部位放线定位，在顶面、周边墙面安装膨胀螺栓。然后，对木龙骨材进行裁切加工，制作成龙骨架，安装在膨胀螺栓上。接着，采用专用泡钉将塑料扣板依次固定在木龙骨上。最后，固定周边装饰线条，并进行调整（见图2-63）。

2）施工要点。塑料扣板的基层龙骨规格应根据施工面积来选用，一般采用30mm×40mm或50mm×70mm，如

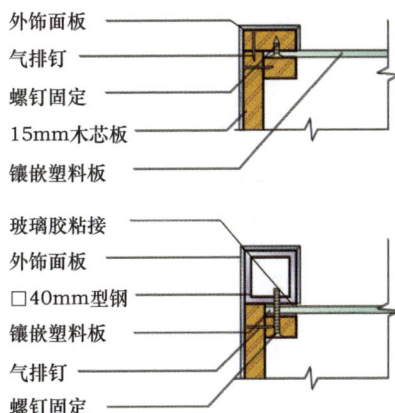

外饰面板
气排钉
螺钉固定
15mm木芯板
镶嵌塑料板

玻璃胶粘接
外饰面板
□40mm型钢
镶嵌塑料板
气排钉
螺钉固定

图2-62 塑料板材镶嵌构造

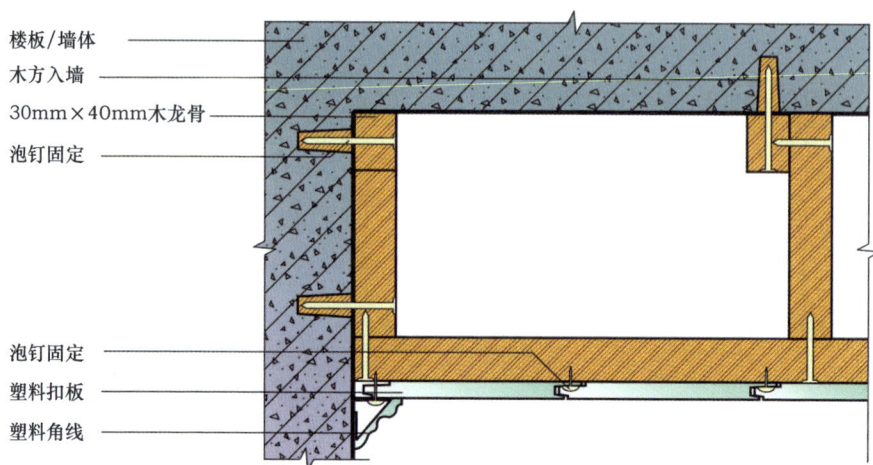

图 2-63　塑料扣板吊顶构造

楼板/墙体
木方入墙
30mm×40mm木龙骨
泡钉固定

泡钉固定
塑料扣板
塑料角线

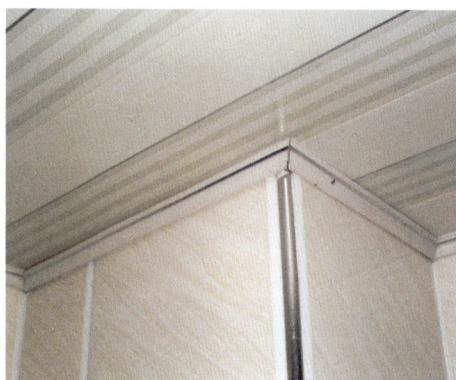

图 2-64　塑料扣板吊顶

果吊顶面积过大，还应采用轻钢龙骨做加强支撑。龙骨架安装时应适当在中央部位起拱，即中央部位应高出周边5~10mm，能避免日后塑料扣板下垂。安装扣板时应从空间内部（靠窗）向外（靠门）逐块安装，泡钉固定间距一般应不大于200mm。如需在扣板上安装灯具、电器、设备，应根据产品实际尺寸开口，开口应精确。周边装饰线条仍需采用专用泡钉安装在边龙骨上，而不能用胶水粘接（见图2-64）。

补充要点

中空钙塑板

中空钙塑板又称为中空隔子板、万通板、双壁板，是由丙烯（PP）、聚乙烯（PE）树脂与各种辅料制作而成，它是一种重量轻、无毒、无污染、防水、防震、抗老化、耐腐蚀、颜色丰富的新型材料（见图2-65）。

中空钙塑板是一种全新的环保型装饰材料，常用于透光吊顶、背景墙、立柱灯箱、推拉门装饰板。规格为2440mm×1220mm，厚度一般为4mm、5mm、6mm等。中空钙塑板在使用时需要设计金属边框，保证板材不受外界压力作用而弯曲、破裂。在装修应用中要注意防止酸、碱等物质的腐蚀，最好远离易破坏的环境，一旦破损则不方便修补。

图 2-65　中空钙塑板

橡胶地板与泡沫地垫

橡胶地板是天然橡胶、合成橡胶与其他高分子材料所制成的地板，无毒无害，一般用于儿童房、视听室、户外空间等地面（见图2-66）。

泡沫地垫又称为EVA地垫，主要由乙烯（E）及乙烯基醋酸盐（VA）所组成，弃掉或燃烧时无毒无害，价格适中，质地柔软具有弹性（见图2-67）。橡胶地板与泡沫地垫规格多样，在大型超市均可购买，使用时铺开插接即可，不用时可以收纳起来。

图 2-66　橡胶地板

图 2-67　泡沫地垫

第三节 金属板材

一、轻型钢板

轻型钢板属于冷轧钢板，又称为白铁板（皮），表面具有特殊镀层来保护钢板，质地较轻且硬度较高，具有很强的应用价值。由于普通钢板受潮即会氧化锈蚀，因此要在表面加上防腐保护层，一般防腐镀层为镀锌或镀铝锌。此外，在镀锌钢板与镀铝锌钢板的基础上增加涂层，即成为彩色涂层钢板。

1. 镀锌钢板

镀锌钢板是指表面镀有一层锌的钢板，用于装修的镀锌钢板一般为较薄的冷轧钢板，为了防止钢板表面遭受腐蚀，在钢板表面涂上一层金属锌，这种涂锌的钢板称为镀锌板（见图2-68和图2-69）。镀锌钢板的镀锌工艺较多，常见的有热浸镀锌钢板与电镀锌钢板两种。热浸镀锌钢板是将薄钢板浸入熔化的锌槽中，使其表面黏附锌的薄钢板。电镀锌钢板是采用电镀法来生产，使镀锌钢板具有良好的加工性，但是镀锌层较薄，耐腐蚀性不如热浸法镀锌板。

图 2-68　镀锌钢板

图 2-69　压花镀锌钢板

镀锌钢板主要用于金属家具、构造的围合，或用于庭院、阳台中的特殊构造，如搭建顶棚、阳光房、仓库等。镀锌钢板的规格为2500mm×1250mm，厚度为0.5～3mm不等，其中1.2mm厚的产品比较硬，使用频率较高，价格为150～200元/张。

2. 镀铝锌钢板

镀铝锌钢板是一种新型轻钢板产品，表面镀层由55%的铝锌合金，43%的锌，2%的硅组成。镀铝锌钢板的耐腐蚀性主要是铝，当锌受到磨损时，铝便形成一层致密的氧化铝，阻止耐腐蚀物质进一步破坏内部。镀铝锌钢板表面呈现出特有的银白色星花，特殊的镀层结构具有优良的耐腐蚀性（见图2-70）。镀铝锌钢板正常使用寿命可达25年以上，耐热性很好，可用于300℃的高温环境，镀层与漆膜的附着力好，具有良好的加工性能，可以进行冲压、剪切、焊接等，表面导电性很好。镀铝锌钢板经过彩涂后用于建筑的顶棚、墙壁等部位（见图2-71）。

图 2-70　镀铝锌钢板

图 2-71　镀铝锌钢板顶棚

由于镀铝锌钢板的热反射率很高，是镀锌钢板的2倍，在装修中常用来制作隔热构造，如暖气或空调的管道围合，还可以用于户外烟囱管、灯罩等构造。镀铝锌钢板的规格为2500mm×1250mm，厚度为0.5～3mm不等，其中1.2mm厚的产品比较硬，使用频率较高，价格为200～250元／张。

3. 彩色涂层钢板

彩色涂层钢板是在镀锌钢板、镀铝锌钢板等冷轧钢板的表面涂覆彩色有机涂料或薄膜的轻质钢板，简称为彩钢板。它是将基板经过表面脱脂、磷化、络酸盐处理后，涂上有机涂料经烘烤而制成的产品。彩色涂层钢板的颜色有很多种类，主要有橘黄、深天蓝、海蓝、绯红、砖红、象牙、瓷蓝等，表面状态可以分成涂层板、压花板、印花板（见图2-72）。

彩色涂层钢板的常用涂料是聚酯（PET）、硅改性树脂（SMP）、高耐候聚酯

（HDP）、聚偏氟乙烯（PVDF）等，涂层结构分2涂1烘与2涂2烘。其中聚酯的附着力好，使用寿命为8～10年。硅改性树脂的涂膜硬度、耐磨性、耐热性、耐久性良好，光泽保持性与柔韧性有限，使用寿命为10～15年。高耐候聚酯的抗紫外线性优良，具有很高的耐久性，使用寿命为10～15年。聚偏氟乙烯具有良好的成型性与颜色保持性、优良的耐久性、抗溶剂性，颜色有限，使用寿命为20～30年。

彩色涂层钢板一般被加工成波浪形、瓦楞形等冲压板，可以用于户外附属建筑围合，如工具间、仓库、牲畜圈等，建造成本低、速度快，也可以进一步加工成为复合夹芯墙板，是户外拓展空间的主要用材（见图2-73）。

图 2-72　彩色涂层钢板

图 2-73　复合夹芯彩色涂层钢板

镀铝锌钢板的长度为2500mm，或根据需要连续生产，展开宽度为900mm、1000mm、1200mm，厚度为0.5～2mm不等，其中1mm厚的产品应用较多，价格为100～150元／m²。选购时，要观察基板厚度与覆膜的厚度，优质板材的基板厚度应该与标称一致，覆膜不应有破损或凸出的颗粒。板材外漏边缘不应发灰、发暗或有杂质，可以用手指或用硬物敲击钢板，材质较好的产品声音则比较响亮、清脆。

二、铝合金扣板

铝合金扣板简称铝扣板，是指将较单薄的铝合金板材裁切、冲压成型，是目前最流行的装修吊顶材料（见图2-74和图2-75）。铝合金扣板安装时需要配套

图 2-74　铝合金方形扣板

图 2-75　铝合金扣板配套龙骨

龙骨，还要考虑搭配尺寸相当的电器、灯具、设备，因此，现代铝合金扣板吊顶要逐渐演变成集成吊顶。

由于纯铝的强度不高，目前用于集成吊顶的铝合金扣板材料均为铝质合金材料，市场上销售的铝合金扣板材质质量由高到低依次为铝镁合金、铝锰合金、普通铝合金、返炼铝合金等。铝合金扣板主要用于厨房、卫生间、餐厅、走道、封闭阳台等空间的吊顶，也可以根据设计要求用于特殊部位，如户外屋檐下。

铝合金扣板的形式主要有条形与方形两种，条形铝合金扣板长度为1～6m，一般需定制加工，宽度为50～200mm（见图2-76），方形铝合金扣板使用频率最高，板面规格一般为300mm×300mm，也有其他定制的特殊规格（见图2-77），两种板材的厚度一般为0.6～1mm，价格为60～120元／m²。需要定制加工的板材一般为集成吊顶，需要厂商上门测量后统一设计规格。选购时，注意板材厚度达

图 2-76　铝合金条形扣板安装

图 2-77　铝合金方形扣板安装

到0.8mm即可，很多采用原料不纯、品质不高的回收铝材制作的铝合金扣板，厚度反而很厚。还可以选取一块样板，用手折弯，劣质铝材很容易变形且不会恢复，优质铝材则会迅速反弹。

三、不锈钢板

不锈钢板是指耐空气、蒸汽、水等弱腐蚀介质与酸、碱、盐等化学浸蚀性介质腐蚀的钢板（见图2-78）。不锈钢板的耐腐蚀性取决于自身所含的合金属元素，主要包括镍、钼、钛、铌、铜、氮等，以满足各种用途。不锈钢板表面可加工成白色不反光、亚光、高光等多种效果，如通过化学浸渍着色处理，可以得到褐、蓝、黄、红、绿等各种彩色不锈钢。不锈钢板表面光洁，有较高的塑性、韧性与机械强度，且耐腐蚀。板材表面效果多样，有普通板、磨砂板、拉丝板、镜面板、冲压板、彩色板等品种。

不锈钢板按制法分热轧与冷轧的两种，在装修中常用的产品较薄，包括0.02～4mm厚的薄板与4～20mm厚的中板。不锈钢薄板主要用于潮湿、易磨损或对保洁度要求较高的部位，如台面、门窗套、踢脚线、门板底部、背景墙、墙面局部装饰等（见图2-79～图2-81），一般需在基层安装木芯板，再将不锈钢板粘贴上去。如果用于户外，也可以采取挂贴的方式施工，8mm厚的不锈钢板可以裁切成板条，用于户外庭院的栏板制作。

常用的不锈钢板规格为2400mm×1200mm，厚度为0.6～1.5mm，其中1mm厚

图 2-78　不锈钢板

图 2-79　不锈钢板踢脚线

图2-80　不锈钢板制作的背景墙

图2-81　不锈钢板制作的腰线

的产品使用最多，价格根据产品型号不同，201型不锈钢板为300元／张，304型不锈钢板为500元／张。选购时，要考虑板材受压时的强度要求，选用相应的规格等。如果不锈钢板的厚度不够，容易弯曲，会影响装饰板生产。如果厚度过大，钢板过重，不仅增加钢板的成本，而且也会给操作带来困难。

四、金属板材施工

金属板材施工比较简单，一般多采用连接件、钢丝、铆钉等配件进行连接，局部可以采用焊接工艺，下面介绍铝合金扣板吊顶施工与薄不锈钢板饰面施工。

1. 铝合金扣板吊顶施工

1）施工方法。首先，根据设计在吊顶部位放线定位，在顶面、周边墙面安装膨胀螺栓。然后，在膨胀螺栓上安装吊杆，下面挂接成品金属龙骨，制作成龙骨架。接着，将铝合金扣板边缘或背部插接在金属龙骨上。最后，固定周边装饰线条，并进行调整（见图2-82和图2-83）。

2）施工要点。铝合金扣板的形式主要有条形与方形两种，只是安装方法略有不同，都是需要预先安装吊杆、金属龙骨等固定件，布置好水电管线、设备后再扣接板材，最后采用配套铝合金边角线条修饰转角即可。铝合金扣板的龙骨一般都是配套产品，如果吊顶面积过大，还应采用轻钢龙骨做加强支撑。龙骨架安装时应适当在中央部位起拱，即中央部位应高出周边5～10mm，能避

水平吊扣
φ6mm钢筋
十平连扣
上层龙骨
底层龙骨
金属扣板

(a)

十平连扣
底层龙骨
φ6mm钢筋
水平吊扣
上层龙骨
金属扣板

(b)

膨胀螺栓
边龙骨

(c)

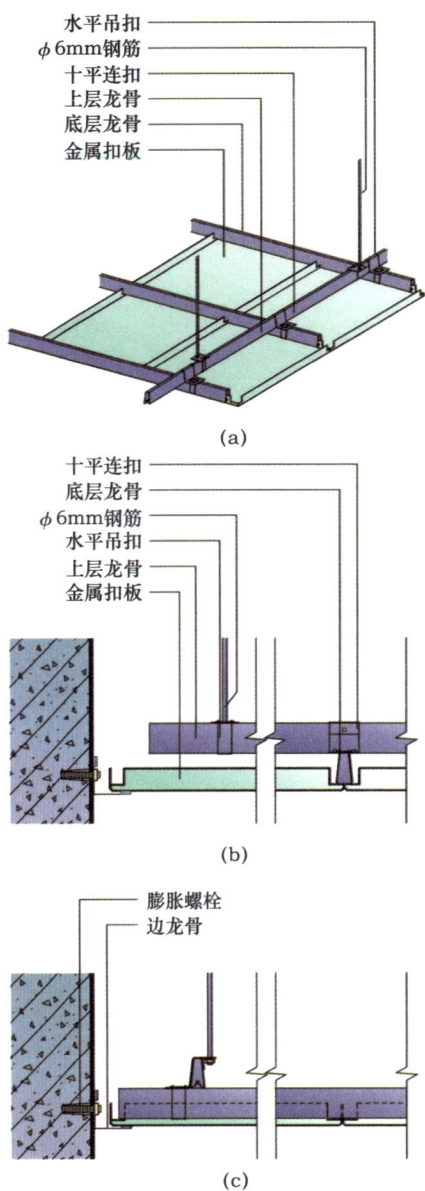

图 2-82　铝合金扣板吊顶构造
（a）立体图；（b）正面图；
（c）侧面图

的缝隙一般应呈45°倾斜，不应产生缝隙。此外，由于不锈钢板价格较高，还要考虑不锈钢板加工或使用时应留的余量。

免日后扣板下垂。安装扣板时应从空间内部（靠窗）向外（靠门）逐块安装。如需在扣板上安装灯具、电器、设备，应根据产品实际尺寸开口，开口应精确。周边装饰线条仍需采用专用连接件安装在边龙骨上，不能用胶水粘接。

2. 薄不锈钢板饰面施工

1）施工方法。首先，根据设计在施工部位放线定位，在周边基层构造上安装膨胀螺栓。然后，对木龙骨或木芯板进行裁切加工，制作基层骨架，安装在膨胀螺栓上。接着，将薄不锈钢板弯压成型，采用强力万能胶粘贴在基层木芯板上。最后，在边角缝隙处填补玻璃胶，进行密封处理（见图2-84和图2-85）。

2）施工要点。薄不锈钢板饰面构造一般采用厚0.8~1.2mm的不锈钢板，方便弯折，基层木芯板的厚度应为18mm厚，不宜采用单层指接板。厚度大于2mm的不锈钢板可以在板材背后焊接挂件，指接钩挂在基层金属骨架上，挂接点之间的距离应不大于400mm。不锈钢板的裁切、弯压应采用专用设备，不能直接手工弯压，避免发生变形。不锈钢板拼接

(a) 裁切安装在边
缘的板材

(b) 安装吊杆与
连接件

(c) 根据扣板规格定
制覆面龙骨间距

(f) 入住时揭掉扣板
表层薄膜

(e) 插接扣板

(d) 提前安装排气管

图 2-83　铝合金扣板吊顶施工

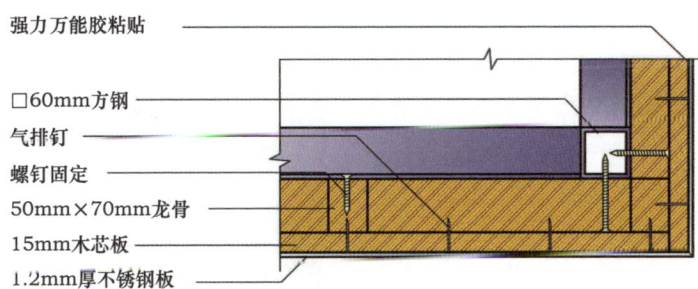

强力万能胶粘贴

□60mm方钢

气排钉

螺钉固定

50mm×70mm龙骨

15mm木芯板

1.2mm厚不锈钢板

图 2-84　薄不锈钢板饰面构造

图 2-85　薄不锈钢板饰面门套

第四节 复合板材

一、防火板

防火板又称耐火板，在装修中主要起到防火、装饰的作用。用于装修的防火板主要有菱镁防火板、防火装饰板、三聚氰胺板三种。

1. 菱镁防火板

菱镁防火板又称为菱镁板、玻镁板，是采用氧化镁、氯化镁、粉煤灰、农作物秸秆等工农业废弃物，添加多种复合添加剂制成的防火材料。它具备高强度、防腐蚀、无虫蛀、防火等特性，能满足各种装饰设计需求（见图2-86）。

菱镁防火板具有良好的防火性能，属于A1级不燃板材，火焰持续燃烧时间为零，800℃环境下不燃烧，1200℃环境下无火苗。在装修中与轻钢龙骨结合制作成隔墙，耐火极限不小于3h，遇火燃烧时能够吸收大量的热能，延迟周围环境温度的升高。在干冷或潮湿的气候里，菱镁防火板的性能比较稳定，不受凝结水珠或潮湿空气的影响，不会变形、变软，不影响正常使用。菱镁防火板质地均匀、密实，质量稳定可靠，加工安装性能卓越，韧性优越，不易断裂，安装方便，可以直接涂饰油漆或直接贴面，能采用湿法或干挂法施工。

图 2-86 菱美防火板

菱镁防火板主要用作轻钢龙骨隔墙中的填充材料，可以填充墙裙、门板、家具等装修构造中的缝隙，还能与其他材料制成成品复合板材，如外边增加彩色涂层钢板后，可用于制作户外活动板房（见图2-87）。菱镁防火板的规格主

图 2-87 菱美防火板制作活动板房

要为2440mm×1220mm，厚度为3~18mm，外观有素板、装饰板多种，其中8mm厚的素板价格为20~30元/张。选购时，注意观察板芯质地是否均匀，表面是否平整，劣质板材的板芯孔隙较大且不均衡。可以用指甲用力刮一下板芯，劣质板材容易脱落粉末。仔细查看板材包装，优质品牌产品均有塑料薄膜覆盖。

2. 防火装饰板

防火装饰板又称为防火贴面板，耐火板，是由高档装饰纸、牛皮纸经过三聚氰胺浸染、烘干、高温高压等工艺制作而成，具体构造是由表层纸、色纸、基纸（多层牛皮纸）3层组成。表层纸与色纸经过三聚氰胺树脂成分浸染，使防火装饰板具有耐磨、耐划等物理性能，多层牛皮纸使板材具有良好的抗冲击性、柔韧性。板材表面的花纹有极高的仿真性，如纯色、仿木纹、仿石材、仿金属等效果，能达到以假乱真的效果（见图2-88和图2-89）。但是，防火装饰板只是具有一定的防火性能，当外界环境达到200℃以上时，板材表面仍会受到破坏。

防火装饰板主要用于橱柜等家具表面装饰（见图2-90），采用强力万能胶可以将板材粘贴到基层木芯板、指接板、胶合板等传统板材表面。防火装饰板的规格为2440mm×1220mm，厚度为0.8~1.2mm，其中0.8mm厚的板材价格为20~30元/张，特殊花色品种的板材价格较高。选购时，要注意识别板材质量，优质防火装饰板表面应该图案清晰透彻、效果逼真、立体感强，没有色差，表面平整光滑、耐磨（见图2-91）。板材能自由卷曲2.5圈，展开后仍能保持平整。

图2-88 防火装饰板样本（一）

图2-89 防火装饰板样本（二）

图2-90 防火装饰板制作橱柜

图2-91 防火装饰板制作橱柜门板

3. 三聚氰胺板

三聚氰胺板，全称为三聚氰胺浸渍胶膜纸饰面人造板（图2-92）。三聚氰胺板一般由表层纸、装饰纸、覆盖纸与基层板等组成。表层纸位于最上层，起保护装饰纸作用，使加热加压后的板面坚硬耐磨，洁白干净。装饰纸表面印刷有各种图案，位于表层纸下部，具有良好的遮盖力。覆盖纸位于装饰纸下部，能防止底层酚醛树脂透到表面，遮盖基材表面的色泽斑点。基层板主要起力学作用，生产时可根据用途或厚度来确定材料类型，常用高密度纤维板为基层板。三聚氰胺板能使装修构造外表光洁，无须上漆，表面自然形成保护膜，具有耐磨、耐划痕、耐酸碱、耐烫、耐污染等特点，且容易维护清洗。

三聚氰胺板一般用于橱柜或成品家具制作，可以在很大程度上取代传统木芯板、指接板等木质构造材料（见图2-93和图2-94）。但是由于表面覆有

图2-92 三聚氰胺板

图2-93 三聚氰胺板制作橱柜内部

装饰层，在施工中不能采用气排钉、木钉等传统工具、材料固定，只能采用卡口件、螺钉作连接，施工完毕后还需在板面四周贴上塑料或金属边条，防止板芯中的甲醛向外散发。三聚氰胺板的规格为2440mm×1220mm，厚度为15～18mm，其中15mm厚的板材价格为80～120元／张，特殊花色品种的板材价格较高。选购时，要观察板面有无划痕、压痕、孔隙、气泡，颜色光泽是否均匀（见图2-95），有无鼓泡现象、有无局部纸张撕裂或缺损现象。如果能闻到三聚氰胺板具有刺鼻气味，则可以断定基层板材质量不好。

图 2-94 三聚氰胺板制作家具

图 2-95 三聚氰胺板样本

二、铝塑复合板

铝塑复合板简称铝塑板，是指以聚乙烯树脂（PE）为芯层，两面为铝材的3层复合装饰板材。铝塑复合板外部经过喷涂塑料，色彩艳丽丰富，长期使用不褪色，表面铝材经过清洗与预处理，能清除铝材表面的油污、脏物等各种氧化层，能保证铝材与涂层与芯层牢固黏结。铝材表面的涂层多采用耐候性能优异的氟碳树脂（见图2-96和图2-97）。

铝塑复合板有普通型与防火型两种，一般型铝塑复合板中间夹层如果是聚氯乙烯，板材燃烧受热时将产生对人体有害的氯气，防火型铝塑复合板中间夹层为阻燃聚乙烯塑胶，呈黑色，而采用氢氧化铝为主要成分芯层，颜色通常为白色或灰白色。铝塑复合板一般用于易磨损、受潮的家具、构造外表，如毗邻

图 2-96　铝塑复合板

图 2-97　铝塑复合板样本

水池或位于户外的装饰构造外表，也可以用于对平整度要求很高的部位，如大面积装饰背景墙、立柱、吊顶（见图2-98）。

　　铝塑复合板的规格为2440mm×1220mm，厚度为3~6mm不等，普通板材为单面铝材，又称为单面铝塑板，厚度以3mm居多，价格为40~50元/张。质地较好的板材多为双面铝材，平整度较高，厚度以5mm居多，

图 2-98　铝塑复合板制作吊顶

其中铝材厚度为0.5mm，价格为100~120元/张。选购时，注意观察板材厚度，板材的四周应非常均匀，目测不能有任何厚薄不一的感觉，也可以用尺测量板材的厚度是否达到标称数值。观察板材表面的贴膜是否均匀，优质产品无任何气泡或脱落。如果条件允许，可以揭开贴膜的一角，用360号砂纸反复打磨10次左右，优质产品的表层不应有明显划伤。

三、纸面石膏板

　　纸面石膏板简称石膏板，是以半水石膏与护面纸为主要原料，以特制的板纸为护面，经加工制成的板材（见图2-99和图2-100）。纸面石膏板具有独特

的空腔结构，隔声性能良好，表面平整，板与板之间通过接缝处理形成无缝表面，表面可直接进行装饰（见图2-101）。纸面石膏板具有可钉、可刨、可锯、可粘的性能，用于室内装饰，可取得理想的装饰效果，施工非常方便，能提高施工效率。采用纸面石膏板作墙体，墙体厚度最小只需60mm，且可保证墙体的隔声、防火性能（见图2-102）。

纸面石膏板的品种很多，常见的纸面石膏板有普通型、耐水型、防火型等3种。普通型纸面石膏板的板芯呈白色，灰色纸面，是最为经济与常见的品种，适用于无特殊要求的使用场所，价格低廉，常见9mm厚的普通纸面石膏板用来制作吊顶或隔墙，但是强度不高，在潮湿条件下容易发生变形，因此在特殊环境下选用12mm厚的产品。耐水型纸面石膏板的板芯与护面纸均经过了防水处理，能用于连续相对湿度小于95%的使用场所，如卫生间、厨房等。耐火型纸面

图 2-99　纸面石膏板剖面

图 2-100　纸面石膏板

图 2-101　纸面石膏板制作吊顶

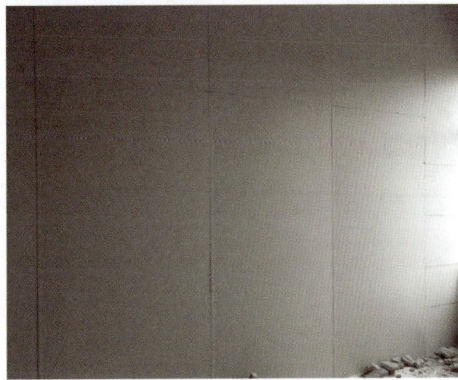

图 2-102　纸面石膏板制作隔墙

石膏板的板芯内增加了耐火材料与大量玻璃纤维，切开石膏板，可以从断面处看见很多玻璃纤维。

普通纸面石膏板的规格为2440mm×1220mm，厚度有9.5mm与12.5mm，其中9.5mm厚的产品价格为20元／张。选购时，观察并抚摸表面，表面平整光滑，不能有气孔、污痕、裂纹、缺角、色彩不均、图案不完整现象，纸面石膏板上下两层护面纸需结实。注意石膏的质地是否密实，有没有空鼓现象，越密实的石膏板越耐用。可以随机找几张板材，在端头露出石膏芯与护面纸的地方用手揭护面纸，如果揭的地方护面纸出现层间撕开，表明板材的护面纸与石膏芯粘结良好。如果护面纸与石膏芯层间出现撕裂，则表明板材粘结不良（见图2-103）。

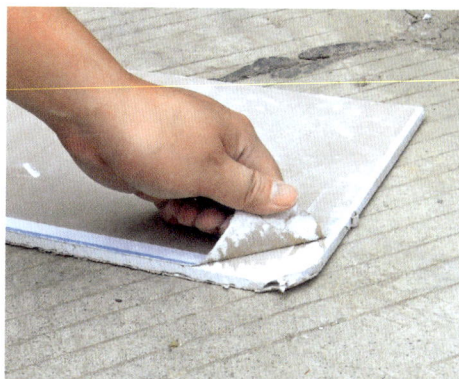

图 2-103　揭开纸面石膏板

四、吸声板

声音主要通过空气传播，吸声板中存在大量孔洞，当声音穿过时在孔洞中进行多次反射、折射，声能量促使吸声板的软性材料发生轻微抖动，最终将声能转化成动能，达到降低噪声的作用。吸声板的品种很多，主要产品包括岩棉吸声板、聚酯纤维吸声板、布艺吸声板、吸声棉、隔声毡等多种。

1. 岩棉吸声板

岩棉装饰吸声板是以天然岩石如玄武岩、辉长岩、白云石、铁矿石、铝矾土等为主要原料，经高温熔化、纤维化而制成的无机质纤维板，密度60～130kg／m³，防火温度为80℃，具有质量轻、导热系数小、吸热、不燃的特点，是一种新型的保温、阻燃、吸声材料（见图2-104～图2-106）。

岩棉吸声板具有优良的隔声与吸声性能，其吸声机理是板材本身有多孔性结构，当声波通过时，由于流阻的作用产生摩擦，使声能的一部分为纤维所吸收，能有效阻碍声波传递。在装修中，岩棉吸声板主要用于石膏板吊顶、隔墙

图 2-104 岩棉吸声板（一）

图 2-105 岩棉吸声板（二）

的内侧填充，尤其是填补龙骨架之间的空隙，或用于家具背部、侧面覆盖，对于隔声要求较高的砖砌隔墙，也可以挂贴在其表面后再采用水泥砂浆找平。

岩棉吸声板的规格有1000mm×600mm、1200mm×600mm、1200mm×1000mm，厚度10～120mm不等，用于装修施工中的产品厚50mm左右，表面无覆膜的板材价格为20～30元／m²。

图 2-106 岩棉吸声板（三）

选购时，要注意产品的颜色应该一致，不能有白黄不一的现象。侧面胶块应当分布均匀，如果没有胶块则属于不合格岩棉板产品。优质产品能看出很多较大矿渣，如果矿渣杂质没有处理掉，则说明产品质量不好。

2. 聚酯纤维吸声板

聚酯纤维吸声板是将聚酯纤维经过热压，形成致密的板材，能满足各种通风、保温、隔声的设计需要。在使用中，可以缩短并调节混响时间，清除声音杂质，改善声音的清晰度。聚酯纤维吸声板具有装饰、保温、环保、易加工、抗冲击、维护简便等特点，成为现代装修首选的吸声材料（见图2-107）。

聚酯纤维吸声板适用于对隔声要求较高的空间，如会议室、KTV包房等室内墙面铺装（见图2-108），为了满足保洁要求，板材表面通常须包裹1层装饰面

图2-107　聚酯纤维吸声板

图2-108　聚酯纤维吸声板制作隔声墙

料，面料反折至板材背后采用强力胶粘贴到木芯板基层上。聚酯纤维吸声板还可以由平整型材加工成立体倒角样式，加工工艺简单，可在施工现场操作，满足不同装修风格。

聚酯纤维吸声板的规格为2440mm×1220mm，厚度为5mm、9mm，其中9mm厚的产品价格为100~150元／张。此外，市场还有成品立体倒角板材或压花板材销售，具体规格与图案可以定制生产，具体价格折合成面积后与平板产品相当。在选购时，要注意板材表面的手感，优质产品应当比较细腻、柔和，不应有较明显的毛刺感，板材的软硬度适中，抬起板材一端时不能轻易发生折断。

3. 布艺吸声板

布艺吸声板是指在质地较软的离心玻璃棉表面覆盖防水铝毡与软织物饰面，采用树脂固化边框或木质封边而成，具有装饰、吸声、减噪等多功能作用。布艺吸声板吸声频谱高，对高、中、低的噪声均有较佳的吸声效果。具有防火、无粉尘污染、装饰性强、施工简单等特点，具备多种颜色与图案可供选择，也可以自主提供饰面布料加工生产，还可以根据声学装修或业主要求，调整饰面布、框的材质（见图2-109）。

布艺吸声板常用于KTV包房、卧室等空间的背景墙（见图2-110）。成品布艺吸声板的规格为1200mm×600mm、600mm×600mm、600mm×300mm，厚度为25mm或50mm。厚25mm的布艺吸声板价格为120~160元／m²。选购时，应注意基层材料是否达到环保标准，表面手感应该均匀，富有一定弹性，过软过硬都会影响隔声效果，不少廉价板材的面料很光滑，但是内部材料质地却很差。

图 2-109　布艺吸声板

图 2-110　布艺吸声板制作背景墙

4. 吸声棉

吸声棉是一种人造纤维材料，主要有玻璃纤维棉与聚酯纤维棉两种。玻璃纤维棉采用石英砂、石灰石、白云石等天然矿石为主要原料，配合纯碱、硼砂等材料熔成玻璃，在融化状态下借助外力吹制成絮状细纤维，纤维之间为立体交叉状，呈现出许多细小间隙（见图2-111）。聚酯纤维棉由超细的聚酯纤维组成，具有立体网状多孔结构，从而形成更多相互连接的孔隙，在摩擦损耗等作用下，使声能被转化成热能从而将声音有效地加以抑制（见图2-112）。

图 2-111　玻璃纤维吸声棉

图 2-112　聚酯纤维吸声棉

玻璃纤维吸声棉与聚酯纤维吸声棉两种产品各有不同，吸声效果基本一样，都能用于轻钢龙骨石膏板隔墙中，代替传统海绵用于制作吸声软包墙板。变形回弹率高，坚固耐用，极易加工，可根据不同需要制成各种形状，使用寿命长，不会腐烂。

吸声棉一般成卷包装，密度为12kg／m³，宽1m，长10m或20m，厚度20～100mm不等，用于装修施工中的产品厚50mm左右，价格为15～20元／m²。选购时，要注意优质产品的颜色应该为白色，不能有白、灰不一的现象。观察侧面，其层次是否分布均匀，如果纤维的厚薄不均则说明质量不高。注意查看材料中是否含有较硬的杂质，优质产品不应有任何杂质。

5. 隔声毡

隔声毡又称为隔声毡，是一种质地较软且单薄的高密度隔声材料，品种较多，基材主要有沥青、橡胶、三元乙丙、聚氯乙烯、氯化聚乙烯等多种。隔声毡在生产过程中会加入金属粉末、石英粉末等填料，能增加隔声毡密度，从而增强隔声效果（见图2-113和图2-114）。

图2-113　隔声毡

图2-114　隔声毡卷材

隔声毡由于比较薄，可塑性强，因此使用频率很高，一般可用于石膏板隔墙、吊顶的基层铺设，砖砌隔墙的基层铺设，家具、地板、构造的基层铺设，排水管道外围包裹等。

隔声毡以卷材形式包装销售，规格长度为5m或10m，宽度为1m，厚度有1.2mm、2mm、3mm等3种，颜色多为黑色，其中2mm厚的产品价格为30～40元／m²。选购时，要观察隔声毡的密度，密度越高的材料隔声效果也就越好，可以用美工刀将隔声毡割下一个角，对着阳光或强烈的灯光观察切割断面，优质产品即可看到晶莹的铁粉颗粒。如果断面受潮，过几天后会呈现出暗红色的锈迹。还可以将隔声毡对折后用力按压，松开后折过的部位如果没有折痕或变形，且表面平整如新，则说明质量不错，劣质产品会轻易发生折断或起翘变形。

五、水泥板

水泥板是以水泥为主要原材料加工生产的一种建筑平板，是一种介于石膏板与石材之间、可自由切割、钻孔、雕刻的板材，具有一定的防火、防水、防腐蚀、防虫、隔声性能，但是价格却远低于石材，是一种目前比较流行的装饰材料。

水泥板种类繁多，按档次主要分为普通水泥板（见图2-115）、纤维水泥板（见图2-116）、纤维水泥压力板等几种。普通水泥板是普遍使用的产品，主要成分是水泥、粉煤灰、砂，价格越便宜水泥用量越低。纤维水泥板又称为纤维增强水泥板，与普通水泥板的主要区别是添加了各种纤维作为增强材料，使板材的强度、柔性、抗折性、抗冲击性等大幅提高。添加的纤维主要有矿物纤维、植物纤维、合成纤维、人造纤维等。纤维水泥压力板是在生产过程中由专用压机压制而成，具有更高的密度，其防水、防火、隔声性能更高，抗冲击性更强。

图 2-115　普通水泥板

图 2-116　木丝纤维水泥板

在现代装修中，木丝纤维水泥板的使用可以营造出独特的现代风格，一般铺贴在墙面、地面、家具、构造表面，同时可以用在卫生间等潮湿环境。板材不含石棉，表面平整度非常好，展现出清水混凝土效果。木丝纤维水泥板的规格为2440mm×1220mm，厚度为6～30mm，特殊规格可以预制加工，10mm厚的产品价格为100～200元／张。选购时，要观察板材的质地，应该平整坚实，可以采用0号砂纸打磨板材表面，优质产品不会产生太多粉末，伪劣产品或硅酸钙板的粉末较多。可以询问商家有无特殊规格，一般厂家只生产6～12mm厚的板材，不能生产超薄板与超厚板产品，则说明生产条件有限，很难生产出优质产品。

六、复合墙板

复合墙板是指采用多种材料加工而成的成品隔墙板，这类板材的综合性能优异，在装修中可以取代传统的砖砌隔墙与石膏板隔墙，施工快捷，强度较高，属于快速装修材料。复合墙板主要有以下几种：

1. GRC空心轻质隔墙板

GRC空心轻质隔墙板又称玻璃纤维增强水泥条板，是一种以低碱特种水泥、膨胀珍珠岩、耐碱玻璃涂胶网格布、专用粘接剂与添加剂配比而成的新型轻质隔声隔墙板，板材截面呈圆孔或方孔。GRC空心轻质隔墙板的重量为黏土砖的20%左右，其性能相当于传统24砖墙。GRC空心轻质隔墙板的耐水、防潮、防水、抗震性能均优于石膏板及硅钙板，施工特点在于安装速度快，易于操作（见图2-117和图2-118）。

图2-117　GRC空心轻质隔墙板

图2-118　GRC空心轻质隔墙板施工

GRC轻质隔墙板主要用于室内非承重内隔墙，适用于高层住宅建筑中的分室、分户，可用于非承重部位的隔墙。GRC空心轻质隔墙板的规格为长2.5～3m，宽度600mm、900mm、1200mm，厚60mm与90mm。其中厚90mm的墙板价格为40～60元／m²。

2. 轻质复合夹芯墙板

轻质复合夹芯墙板是一种承重型保温复合板，是以高强度水泥为胶凝材料做面层，以耐碱玻璃纤维网格布、无纺布增强，以水泥、粉煤灰发泡为芯体，经过生产流水线浇筑、振动密实、整平，复合而成的高强、轻质、结构独特的保温轻质墙板（见图2-119）。

轻质复合夹芯墙板可锯、可钉、可钻、可任意切割，随意制造建筑格局。施工快速，采用干法作业，安装简单方便，比砌块墙体快6倍以上，能缩短工期。板材表面装饰性能好，平整度高，填缝后可直接贴壁纸、墙砖及喷涂（见图2-120）。

轻质复合夹芯墙板主要用于室内非承重内隔墙或墙体保温层，适用于高层建筑中的分室、分户等非承重部位的隔墙。轻质复合夹芯墙板的规格长度为2500mm与3000mm，宽度为600～1200mm，厚度为60～120mm，特殊应用也可以根据实际环境来订制。其中厚60mm的墙板价格为40～50元／m²。

图2-119　轻质复合夹芯墙板

图2-120　轻质复合夹芯墙板施工

3. 泰柏板

泰柏板是一种新型材料，选用强化钢丝焊接而成的三维笼为构架，是以阻燃型聚苯乙烯泡沫板或岩棉板为板芯，两侧均配上 2mm 的冷拔钢丝网片，钢丝网目为50mm×50mm，钢丝斜插过芯板焊接而成，是目前取代轻质墙体最理想的材料（见图2-121和图2-122）。泰柏板具有自重轻、强度高、耐火、隔热、防震、保湿、隔声性好。施工简单，施工周期短等优点，能在表面做各种装饰，如涂料、面砖、墙纸、瓷砖等。

图 2-121　泰柏板　　　　　　图 2-122　泰柏板施工

泰柏板适用于室内隔墙、围护墙、保温复合外墙，规格为2440mm×1220mm×75mm，此外，还有不同厂家提供其他规格，价格为20～30元／m²。

4. 轻质加气混凝土板

轻质加气混凝土板是一种高性能蒸压轻质加气混凝土板材。它是以粉煤灰或硅砂、水泥、石灰等为主原料，经过高压蒸汽养护而成的多气孔混凝土成型板材，其中板材需经过处理的钢筋增强，既是墙体材料，又是屋面材料，是一种性能优越的多功能板材。轻质加气混凝土板具有容重轻、强度高，保温、隔热、隔声性能强，施工方便，造价低等特点（见图2-123和图2-124）。

轻质加气混凝土板的常用规格为3000mm×600mm，厚50～175mm，其中厚100mm的产品价格为50～60元／m²。

选购复合墙板的识别关键在于金属骨架与板材之间的结合度，优质产品应无任何缝隙，板面平整，金属骨架的规格符合产品标识数据。

图 2-123　轻质加气混凝土板

图 2-124　轻质加气混凝土板施工

七、复合板材施工

复合板材根据材质不同，施工都不一样，但是都有一定施工规律。用于室外的复合板材一般采取钉接、挂接的方式，需要采用金属、木材制作基层龙骨。用于室内的复合板材还可以采用粘接、扣接等方式，但是一般限于厚度不大于5mm，且质地轻盈的复合板材。

1. 铝塑复合板饰面施工

1）施工方法。首先，根据设计在施工部位放线定位，采用木龙骨或用型钢制作龙骨。然后，裁切15mm厚木芯板制作基层，将其钉接在龙骨上。接着，裁切铝塑复合板，采用强力万能胶粘贴在基层木芯板上。最后，在边角缝隙处填补密封胶，进行密封处理。

2）施工要点。铝塑复合板饰面构造的基层一般采用木芯板，不应采用其他材料，建筑外墙安装也可以在铝塑复合板背后开孔，采用连接件挂接在金属龙骨上，挂接点之间的距离应不大于400mm。铝塑复合板弯折时一般不宜裁切断开，应在弯折内侧切断表层铝板，并将芯层切除90° 凹角，弯折后外表无任何缝隙。铝塑复合板的裁切、弯压应采用专用工具，不能直接手工弯压，避免发生变形。铝塑复合板用于饰面安装时，要注意在板材之间保留缝隙，能防止板材缩胀，缝隙之间的间距一般为400~800mm。铝塑复合板饰面应采用聚氨酯环氧树脂胶粘贴或填补缝隙，不能采用其他替代产品（见图2-125）。

图中标注：
5mm厚铝塑复合板
聚氨脂胶水粘接
木方入墙
钢钉钉接
气排钉
15mm木芯板
50mm×70mm木龙骨
楼板/墙体

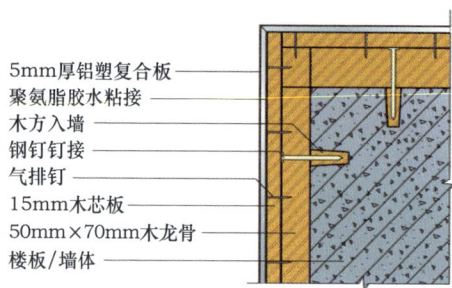

图 2-125　铝塑复合板饰面构造

2. 纸面石膏板隔墙施工

1）施工方法。首先，清理基层界面，分别放线定位，根据设计造型在顶面、地面、墙面钻孔，放置预埋件。然后，沿着地面、顶面与周边墙面制作边框墙筋，并调整到位。接着，分别安装竖向龙骨与横向龙骨，并调整到位。最后，将石膏板竖向钉接在龙骨上，对钉头做防锈处理，封闭板材之间的接缝，并全面检查（见图2-126和图2-127）。

2）施工要点。纸面石膏板隔墙最好采用安装轻钢龙骨制作骨架，应按弹线位置固定沿地、沿顶龙骨及边框龙骨，龙骨的边线应与弹线重合。龙骨的端部应安装牢固，龙骨与基层的固定点间距应不大于600mm，竖向龙骨间距应不大于400mm。安装贯通龙骨时，小于3m的隔墙安装一道，3～5m高的隔墙安装两道。饰面板接缝处如果不在龙骨上时，应加设龙骨固定饰面板。安装纸面石膏板宜竖向铺设，长边接缝应安装在竖龙骨上。龙骨两侧的石膏板及龙骨一侧的双层板的接缝应错开安装，不能在同一根龙骨上接缝。轻钢龙骨应用自攻螺钉固定，钉接

图中标注：
膨胀螺栓
纸面石膏板
竖向龙骨
穿线孔
自攻螺钉
地龙骨

（a）

（b）

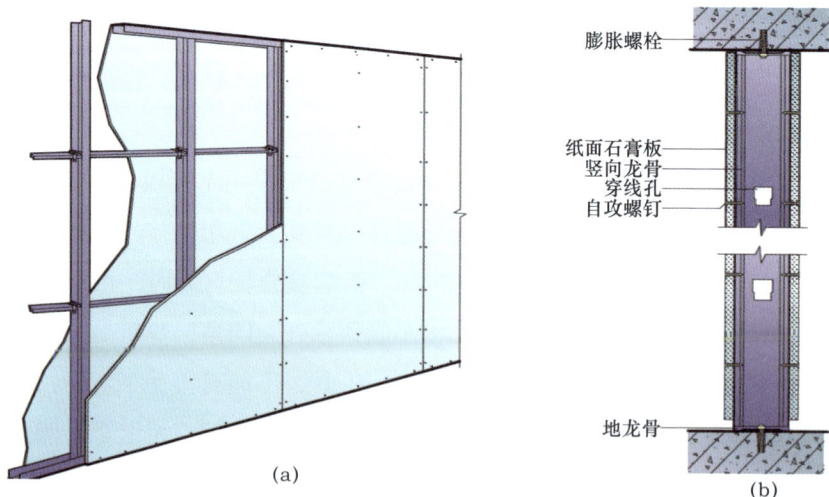

图 2-126　纸面石膏板隔墙构造
（a）立体图；（b）剖面图

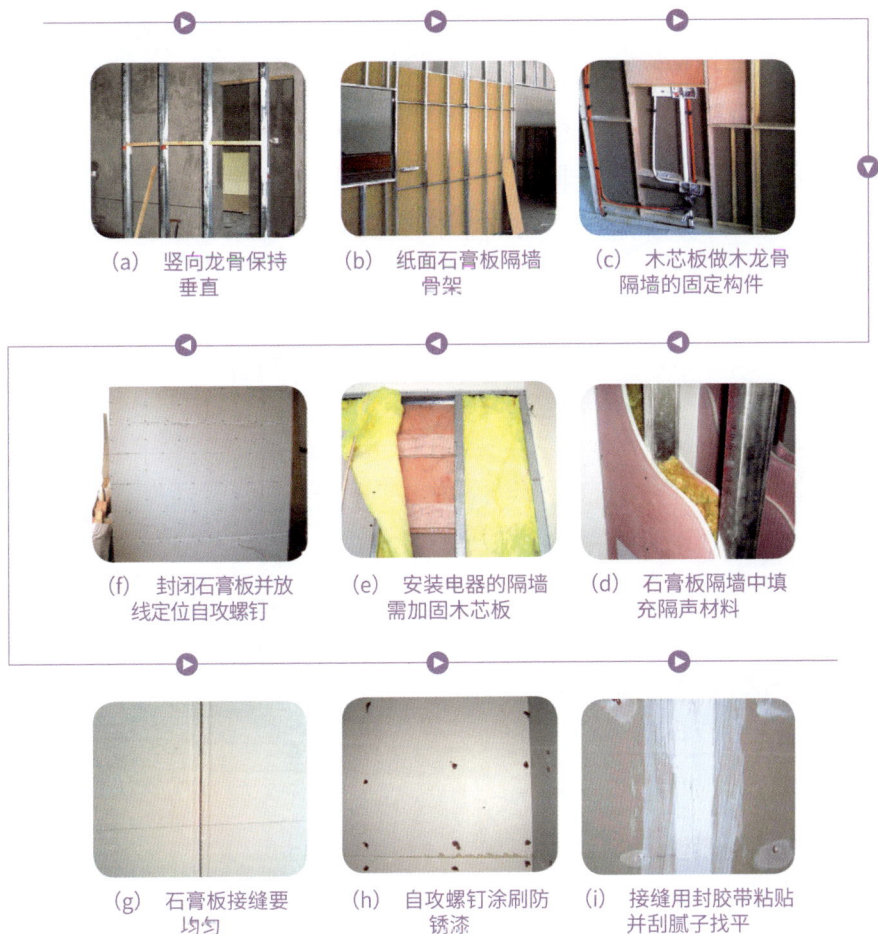

(a) 竖向龙骨保持垂直　(b) 纸面石膏板隔墙骨架　(c) 木芯板做木龙骨隔墙的固定构件

(f) 封闭石膏板并放线定位自攻螺钉　(e) 安装电器的隔墙需加固木芯板　(d) 石膏板隔墙中填充隔声材料

(g) 石膏板接缝要均匀　(h) 自攻螺钉涂刷防锈漆　(i) 接缝用封胶带粘贴并刮腻子找平

图 2-127　纸面石膏板隔墙施工

间距应不大于200mm，安装石膏板时应从板材的中部向板的四周固定。钉头略埋入板内，但不得损坏纸面，钉头应进行防锈处理。石膏板接缝应按设计要求进行板缝处理。石膏板与周围墙或柱应留有3mm宽的槽口，以便进行防开裂处理。

3. 水泥板饰面

1）施工方法。首先，清理基层界面，分别放线定位，根据设计造型在顶面、地面、墙面钻孔，放置预埋件。然后，根据设计要求裁切水泥板，在对应预埋件的部位钻孔。接着，采用螺钉或螺丝穿过钻孔将水泥板固定在预埋件上。最后，配置调和水泥浆填补孔洞与缝隙，或采用成品构件做修饰，并全面检查。

2）施工要点。水泥板施工方便，钉子的吊挂能力好，手锯就可以直接加工。除了材料本身，施工过程中可以不用制作基层板，可以直接固定在龙骨上或墙面上，小块板材造型可以使用强力万能胶粘贴，大块板材除了用螺钉或螺栓安装外，还可以先用1mm的钻头钻孔，然后用射钉枪固定，填补平整后，喷1~2遍的水性亚光漆，待干即可。为了协调板材与基层材料的缩胀性差异，在安装时要适当保留缝隙，缝隙间距应不大于800mm，缝隙宽度一般为3~4mm（见图2-128和图2-129）。

图2-128　水泥板覆面

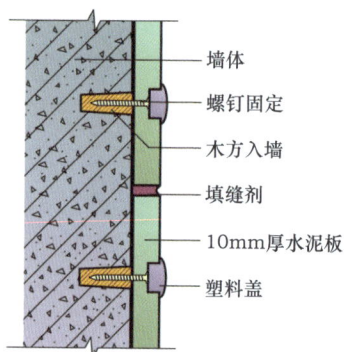

图2-129　水泥板饰面构造

补充要点

波峰棉

波峰棉又名波浪棉、鸡蛋棉，是吸声棉的一种，其中一面呈凸凹波浪形（见图2-130）。波峰棉内具有大量内外联通的孔隙与气泡，当声波入射到其中时，可引起空隙中空气振动，使相当一部分声能转化成热能与动能而被消耗。波峰棉又分为普通型与防火型两种产品，普通型为彩色产品，如红色、黄色、蓝色等，而防火型产品一般为黑色或白色。

图2-130　波峰棉

波峰棉广泛应用于录音棚、录音室、KTV、会议厅、演播厅、影剧院等公共空间室内装修，适用于吊顶、隔墙中预埋安装，能有效降低噪声的污染。波峰棉的常用规格为3000mm×1500mm，厚30～100mm，其中50mm厚的价格为20～25元/m²。

　　波峰棉的厚度是两张波峰棉重合后的厚度，单张的厚度一般为重合厚度的80%左右。施工时采用强力万能胶均匀涂在波峰棉背面与基层板材或墙面上，等胶水80%干时，将波峰棉平铺上去，稍微用力按压即可。

课后练习

1. 举例说明指接板与胶合板的应用区别。

2. 识别各种轻型钢板并指出应用区别。

3. 考察铝塑复合板装修构造，绘制详细剖面图。

4. 上网查阅更多防火板种类及用途，并制作表格进行
分析比较。

5. 考察聚碳酸酯板装修构造，绘制详细剖面图。

6. 识别各种吸声材料，并比较各自特点与应用方式。

7. 上网查阅更多有关复合墙板的知识，并制作表格进
行分析比较。

第三章

装饰石材

石材种类繁多，主要包括天然石材、人造石材等两大类。天然石材质地厚实、色彩丰富，广泛用于各种室内外装修。艺术山石分类明确，主要用于装修中的艺术景观制作，具有古典气息。但是，天然石材属于不可再生材料，因此价格较高，应用时要注意识别品质，务必选用质地紧密、安全环保的产品。

随着科学技术的进步，近年来发展起来的人造石材无论在材料质地、生产加工、装饰效果、产品价格等方面都显示出了优越性，成为一种有发展前途的新型装饰材料，已经运用到装修的各个领域。

第一节　天然石材

一、花岗岩

花岗岩又称为岩浆岩或火成岩，是地球上一种固有的物质形体，主要成分是二氧化硅，矿物质成分有石英、长石云母与暗色矿物质组成。花岗岩具有良好的硬度，抗压强度好，耐磨性好，耐久性高，不易风化，色泽持续力强且色泽稳重、大方。花岗岩按晶体颗粒大小可分为细晶、中晶、粗晶及斑状等多种，其中细晶花岗岩中的颗粒十分细小，目测粒径均小于2mm，中晶花岗岩的颗粒粒径为2~8mm，粗晶花岗岩的颗粒粒径大于8mm，至于斑状花岗岩中的颗粒粒径就不定了，大小对比较为强烈。

花岗岩按颜色、花纹、光泽、结构、材质等因素分不同等级，其中颜色与光泽因长石、云母及暗色矿物质而定，通常呈现灰色、黄色、深红色等多种样式（见图3-1）。由于花岗岩一般存于地表深层处，具有一定的放射性，大面积用在室内的狭小空间里，对人体健康会造成不利影响。花岗岩自重大，在装饰装修

图 3-1　花岗岩样式

中增加了建筑的负荷。此外，花岗岩中所含的石英会在500～900℃时发生晶体变化，体积膨胀，致使石材开裂，故发生火灾时花岗岩不耐火。

花岗岩的应用繁多，一般用于中高档空间的墙、柱、楼梯踏步、地面、台柜面、窗台面的铺贴（见图3-2和图3-3）。尤其是面积较大的欧式风格装修空间运用较多。为了满足不同的应用部位，花岗岩表面通常被加工成剁斧板、机刨板、粗磨板、火烧板、磨光板等样式。

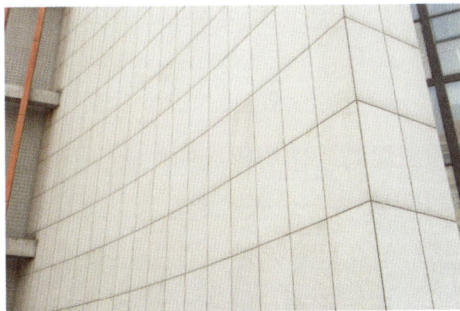

图 3-2　花岗岩墙面装饰　　　　　　图 3-3　花岗岩立柱装饰

花岗岩石材的大小可以随意加工，用于铺设室外地面的厚度为40～60mm，用于铺设室内地面的厚度为20～30mm，铺设台柜的厚度为18～20mm等。市场上零售的花岗岩宽度一般为600～650mm，长度在2～6m不等。特殊品种也有加宽加长型，可以打磨边角。如果用于大面积墙、地面铺设，也可以订购同等规格的型材，例如300mm×600mm×15mm、600mm×600mm×20mm、800mm×800mm×30mm等。其中，剁斧板的厚度一般均不小于50mm。常见的20mm厚的白麻花岗岩磨光板价格为60～100元／m²，其他不同花色品种价格均高于此，一般为100～500元／m²。

选购时，应仔细观察表面质地，优质花岗岩板材表面颗粒结构均匀，质感细腻。用卷尺测量花岗岩板材的尺寸规格，关键检查厚度尺寸，用于装修的多数花岗岩板材厚度均为20mm，少数厂家加工的板材厚度只有15mm，这在很大程度上降低了花岗岩板材的承载性能，在施工、使用中容易破损（见图3-4）。还可以用小铁锤敲击花岗岩板材，如果声音清脆则说明花岗岩板材致密、质地好，反之则说明板材的质量不高（见图3-5）。也可以采用0号砂纸打磨板材的边角，如果不产生粉末则说明密度较高（见图3-6）。

图3-4　测量尺寸　　　图3-5　铁锤敲击　　　图3-6　砂纸打磨

二、大理石

大理石是地壳中原有的岩石经过地壳内高温高压作用形成的变质岩，主要由方解石、石灰石、蛇纹石、白云石组成，其主要成分以碳酸钙为主，约占50%以上，其他还有碳酸镁、氧化钙、氧化锰、二氧化硅等物质。我国云南省大理开采的石材色泽为白色带有黑色花纹，类似水墨山水画，因此而得名。现代大理石是指具有各种颜色花纹，且用于装饰的石灰岩。

相对花岗石而言，大理石的质地比较软，密度与抗压强度均比花岗岩略低，属于碱性中硬石材。天然大理石呈现为红、黄、黑、绿、棕等各色斑纹，色泽肌理的装饰性极佳（见图3-7）。大理石的色彩纹理一般分为云灰、单色、

图3-7　大理石样式

彩花等3类。云灰大理石花纹如灰色的色彩，有些云灰大理石的花纹很像水的波纹，又称水花石，纹理美观大方。单色大理石色彩单一，色泽洁白的汉白玉、象牙白等属于白色大理石；纯黑如墨的中国黑、墨玉等属于黑色大理石。彩花大理石是层状结构的结晶或斑状条纹，经过抛光打磨后，呈现出各种色彩斑斓的天然图案，可以制成由天然纹理构成的山水、花木等美丽画面。

大理石与花岗岩一样，可用于室内外各部位的石材贴面装修，但是强度不及花岗岩，在磨损率高、碰撞率高的部位应慎重考虑。大理石的表面也可以像花岗岩一样被加工成各种质地，用于不同部位，但是在实际装修中，大理石一般都以磨光板的形式出现，用于楼梯台阶、装饰线条的才会是机刨板。

大理石石材的大小可随意加工，用于铺设室外地面的厚度为40～60mm，用于铺设室内地面的厚度为20～30mm，铺设家具台柜的厚度为18～20mm等。市场上零售的花岗岩宽度一般为600～650mm，长度在2～6m不等。特殊品种也有加宽加长型，可以打磨成各种边角线条（见图3-8）。如果用于大面积墙、地面铺设（见图3-9），也可以订购同等规格的型材，如300mm×600mm×15mm、600mm×600mm×20mm、800mm×800mm×30mm等。常见的20mm厚的桂林黑大理石磨光板价格为150～200元／m²，其他不同花色品种价格均高于此，一般为200～600元／m²。

图3-8　大理石线条

图3-9　大理石墙面装饰

目前，大理石的花色品种要比花岗岩多，其价格差距很大，选购、识别方法虽然与花岗岩类似，但是要求应更加严格。优质大理石板材的厚度偏差应小于1mm，表面不能存在翘曲、凹陷、裂纹、砂眼、色斑等缺陷，板体规格不一，如缺棱角、板体不正等。优质产品的色调基本一致、色差较小、花纹美观。目前，市场出现不少染色大理石，以红色、褐色、黑色系列居多，铺装后6~10个月就会褪色，如果应用在受光部位，褪色会更明显。识别这类大理石可以观察侧面与背面，染色大理石的色彩较灰或呈现出深浅不一的变化。染色石材虽然价格低廉，但是染色料有毒害，褪色后严重影响装饰效果，自身强度也没有保证。

三、文化石

文化石是指开采于自然界的石材，主要是将板岩、砂岩、石英石等石材进行加工，成为一种装饰石材（见图3-10）。文化石材质坚硬、色泽鲜明、纹理丰富、风格各异，具有抗压、耐磨、耐火、耐寒、耐腐蚀、吸水率低、可无限次擦洗等特点。但是装饰效果受石材原有纹理限制，除了方形石外，其他的施工较为困难，尤其是拼接时要讲究色彩搭配。

目前，文化石应用很广，一般用于酒吧、餐厅等高档公共空间，或用于家居空间的背景墙（见图3-11），也可以用于建筑外墙装饰（见图3-12）。天然文化石的价格比较低廉，一般为40~80元/m²，规格多样，具体尺寸还可以定制生产。在选购时应注意，单块型材边长一般应不小于50mm，厚度应不小于10mm。如果将文化石铺装在户外，尽量不要选用砂岩类的石料，因为这类石料容易渗水，即使表面做了防水处理，也容易因日晒雨淋致使防水层老化。

选购时，可以用卷尺测量文化石的边长，边长不大于300mm的石料其公差为±4mm，边长300~600mm的石料其公差为±7mm，超出此范围会影响施工质量。检查石料的吸水性，可以在石料表面滴上少许酱油，观察酱油的吸收程度，不宜选择吸水性过高的文化石，否则在吸水的同时也容易吸附灰尘，使石材变色（见图3-13）。

图 3-10　文化石

图 3-11　文化石室内装饰

图 3-12　文化石建筑装饰

图 3-13　滴落酱油

四、天然石材施工

天然石材质地厚重，在施工中要注意强度要求，现场常用的墙面铺装方式为干挂与粘贴两种，其中干挂施工适用于面积较大的墙面装修，粘贴施工适用于面积较小的墙面、结构外部装修。

1. 天然石材干挂施工

1）施工方法。首先，根据设计在施工墙面放线定位，采用角型钢制作龙骨网架，通过膨胀螺栓固定至墙面上。然后，对天然石材进行切割，根据需要在侧面切割出凹槽或钻孔。接着，采用专用连接件将石材固定至墙面龙骨架上。最后，调整板面平整度，在边角缝隙处填补密封胶，进行密封处理（见图3-14和图3-15）。

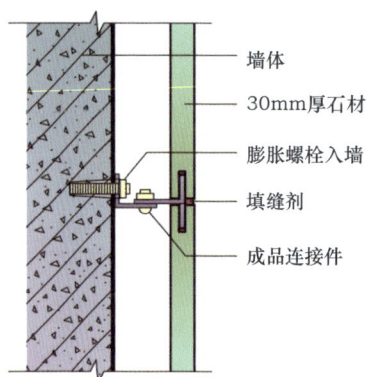

图 3-14　墙面石材干挂构造

图 3-15　干挂构造局部

墙体

30mm厚石材

膨胀螺栓入墙

填缝剂

成品连接件

2）施工要点。在墙上布置钢骨架，水平方向的角型钢必须焊在竖向角钢上。按设计要求在墙面上制成控制网，由中心向两边制作，应标注每块板材与挂件的具体位置。安装膨胀螺栓时，按照放线的位置在墙面上打出膨胀螺栓的孔位，孔深以略大于膨胀螺栓套管的长度为宜，埋设膨胀螺栓并予以紧固。挂置石材时，应在上层石材底面的切槽与下层石材上端的切槽内涂胶。清扫拼接缝后即可嵌入橡胶条或泡沫条，并填补勾缝胶封闭。注胶时要均匀，胶缝应平整饱满，亦可稍凹于板面，并按石材的出厂颜色调成色浆嵌缝，边嵌边擦干净，使缝隙密实均匀、干净颜色一致。

2. 天然石材粘贴施工

1）施工方法。首先，清理墙面基层，必要时用水泥砂浆找平墙面，并作凿毛处理，根据设计在施工墙面放线定位。然后，对天然石材进行切割，并对应墙面铺贴部位标号。接着，调配专用石材黏合剂，将其分别涂抹至石材背部与墙面，将石材逐一粘贴至墙面。最后，调整板面平整度，在边角缝隙处填补密封胶，进行密封处理（见图3-16和图3-17）。

2）施工要点。石材粘贴施工虽然简单，但是黏合剂成本较高，一般适用于小面积施工。施工前，粘贴基层应清扫干净，去除各种水泥疙瘩，采用1∶2.5水泥砂浆填补凹陷部位，或对墙面作整体找平。石材黏合剂应选用专用产品，一般为双组分黏合剂，根据使用说明调配。涂抹黏合剂时应用粗锯齿抹子抹成沟槽状，以增强吸附力，黏合剂要均匀饱满。施工完毕后应养护7天以上。

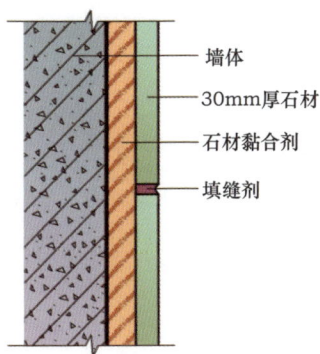

图 3-16　墙面石材粘贴构造

图 3-17　石材粘贴局部

石材黏合剂

填缝剂

30mm厚石材

墙体

补充要点

天然石材的放射性

天然石材是具有一定放射性的材料，但是市场上销售的石材都经过严格检验，其氡气的释放量都在安全范围以内。在选购时就要辨清石材的颜色。暗色系列（包括黑色、蓝色、暗绿色）石材与灰色系列石材，其放射性元素含量都低于地壳平均值的含量。片麻状石材（包括白色、红色、浅绿色、花斑），其放射性元素含量一般稍高于地壳平均值的含量。因此，暗色与灰色石材，其放射性辐射强度都很小，至于白色、红色、浅绿色与花斑石材应当少用。

花岗岩与大理石的区别

花岗岩与大理石从表面上看非常相似，可以通过以下方法来区分两种石材：

1. 表面色彩。花岗岩表面色彩比较灰暗，纯度较低，不太醒目，感觉比较平和。大理石表面色彩比较鲜亮，纯度较高，特别艳丽，给人感觉比较华丽。

2. 纹理特征。花岗岩表面纹理大多呈颗粒状，比较平均。大理石表面纹理有单色、线纹、云纹、彩花等多种，虽然也有部分大理石的纹理呈颗粒状，但是其形态对比较大（见图3-18）。

3. 质地硬度。用0号砂纸打磨石材的边角部位，不容易产生粉尘的石材为花岗岩，反之则是大理石（见图3-19）。

以上3种方法要综合运用才能准确区分，只是参考其一难免会有误差。

青石板

青石主要是指浅灰色厚层状岩石，表面呈浅灰色、灰黄色，新鲜面呈棕黄色及灰色，局部褐红色，基质为灰色，一般呈块状构造及条状构造。青石一般被加工成板材，厚度为20～50mm，边长100～600mm不等，表面凸凹平和。青石板价格较低，厚20mm的板材价格为30～50元／m²。一般用于地面、构造表面铺贴，常用于户外阳台、庭院、广场装修（见图3-20）。

图 3-18　墙面石材粘贴构造

图 3-19　石材粘贴局部

图 3-20　青石板地面铺装

第二节　人造石材

一、水泥人造石

水泥人造石是以各种水泥或石灰磨细砂为黏合剂，砂为细骨料，碎花岗岩、大理石、工业废渣等为粗骨料，经配料、搅拌、成型、加压蒸养、磨光、抛光等工序制成的人造石材。水泥人造石的抗风化能力、耐火性、防潮性都优于一般天然石材。

1. 普通水泥人造石

水泥人造石多采用铝酸盐水泥制作，掺入耐磨性良好的砂子与石英粉作填料，加入适量颜料后入模制成，表面光滑，具有光泽。普通水泥人造石的面层经过特殊工艺处理，在色泽、花纹、物理、化学性能等方面都优于其他类型的人造石材，装饰效果可以达到以假乱真的程度（见图3-21和图3-22）。

图 3-21　普通水泥人造石

图 3-22　普通水泥仿文化石

普通水泥人造石取材方便，价格低廉，色彩可以任意调配，花色品种繁多，可以被加工成文化石，铺装成各种不同图案或肌理效果。制作厚40mm的彩色水泥人造石，价格为40～60元／m²。水泥人造石强度不及其他天然石材，因此不宜用于构造边角等易碰撞处。在使用过程中要注意养护，防止经常性磨损。

2. 水磨石

水磨石又称为磨石子，是指大理石和花岗岩或石灰石碎片嵌入水泥混合物中，经用水磨去表面而平滑的人造石（见图3-23）。水磨石通常用于地面装修，也称为水磨石地面，它拥有低廉的造价与良好的使用性能，在施工中可任意调色

图 3-23　水磨石地面

89

拼花，防潮性能好，能保持非常干燥的地面，适用于各种装修空间。但是水磨石地面也存在缺陷，即容易风化老化，表面粗糙，空隙大，耐污能力极差，且污染后无法清洗干净。

现代水磨石制作一般都由各地经销商承包，要用到专业设备、材料，普通装修施工员一般不具备相关技能，价格也比传统水磨石地面要高，一般为 $60 \sim 80$ 元 / m^2，但是仍比铺装天然石材要便宜不少。

二、聚酯人造石

聚酯人造石是以甲基丙烯酸甲酯、不饱和聚酯树脂等有机高分子材料为基体，以石渣、石料为填料，加入适量的固化剂、促进剂及调色颜料，经过固化而形成的石材产品。聚酯人造石具有无毒性、无放射性、不粘油、不渗污、抗菌防霉、耐冲击、拼接无缝等优点。聚酯人造石的花纹、图案、颜色、质感均可以根据需要制作，变化丰富。

聚酯人造石通常用于制作卫生间台面、橱柜台面、窗台面、餐台等饰面板，也可以完全取代天然石材用于墙面、家具表面铺装，可以制作卫生洁具，如浴缸，带梳妆台的单、双洗脸盆，立柱式脸盆等。另外，还可以制成人造石壁画、花盆、雕塑等工艺品。聚酯人造石宽度一般在650mm以内，长度为 $2.4 \sim 3.2m$，厚度为 $10 \sim 15mm$，可定制加工，商家包安装，包运输。聚酯人造石的综合价格为 $400 \sim 600$ 元 / m^2。

选购时，从表面上看，优质聚酯人造石经过打磨抛光后，表面晶莹光亮，色泽纯正，用手抚摸有天然石材的质感，无毛细孔。劣质产品的表面发暗，光洁度差，颜色不纯，用手抚摸感到毛涩，有细孔。可以采用0号砂纸打磨石材表面，容易产生粉末的产品质量较差，优质产品不会产生明显粉末。如果条件允许，可以取一块约30mm×30mm的人造石样本，用力向水泥地上摔，质量差的产品会摔成粉碎小块，优质产品一般只碎成2～3块，而不会粉碎，用力不大还会从地面上反弹起来。此外，可以将鼻子贴近石材闻气味，劣质产品的刺鼻气味很大，安装使用后1年内都不会完全挥发，其中甲醛、苯会对人体造成极大伤害。

三、微晶石

微晶石又称为微晶玻璃复合石材，是将微晶玻璃复合在陶瓷玻化石的表面，经过烧结完全融为一体的人造石材。

微晶石质地均匀，密度大、硬度高，抗压、抗弯、耐冲击等性能优于天然石材，经久耐磨，不易受损，更没有天然石材常见的细碎裂纹。微晶石板面光泽晶莹柔和，既有特殊的微晶结构，又有特殊的玻璃基质结构，质地细腻，板面晶莹亮丽（见图3-24），对于射入光线能产生扩散漫反射效果，使人感觉柔美和谐。

微晶石以水晶白、米黄、浅灰、白麻等色系最为流行，吸水率极低，几乎为零，多种污秽浆泥、染色溶液不易侵入渗透，依附于表面的污物也很容易清除擦净。微晶石还可用加热方法，制成所需的各种弧形、曲面板，具有工艺简单、成本低的优点，避免了弧形石材加工大量切削、研磨、耗时、耗料、浪费资源等弊端。但是，微晶石表面硬度低于抛光砖，由于表面光泽度较高，如果遇划痕会很容易显现出来。此外，表面有一定数量针孔，遇到污垢很容易显现。

微晶石主要用于地面、墙面、家具台柜铺装，常见厚度为12~20mm，可以配合施工要求调整，宽度一般为0.6~1.6m，长度一般为1.2~2.8m不等，价格为

图3-24　微晶石样式

$80 \sim 120$元／m^2。

选购时，要注意识别微晶石的光亮度与透明层，优质产品显得特别光亮，可以对着光仔细察看石材表面，其表层材质应为透明或半透明物质，其厚度一般为 $3 \sim 5mm$，虽然透明层上有些图案、花纹，但是不影响其真实的透明质感。也可以从侧面观察，能清晰地看到透明层的存在（见图3-25和图3-26）。

图 3-25　观察表面

图 3-26　观察侧面

四、人造石材施工

人造石材的施工构造比较灵活，一般采用水泥砂浆作为黏合剂，直接铺贴即可。下面介绍水磨石施工构造与人造石材饰面施工构造。

1. 水磨石施工

1）施工方法。首先，将地面基层杂物清理干净，并在四周墙壁上弹出标高水平线。然后，采用水泥砂浆找平，并养护24h。接着，根据设计要求弹分格线，用较稠的素水泥浆将分格铜条固定住。将调配好的水泥石浆倒入找平层表面，找平后进行养护2～3天。最后，进行机械打磨，每遍打磨后应养护2～3天（见图3-27）。

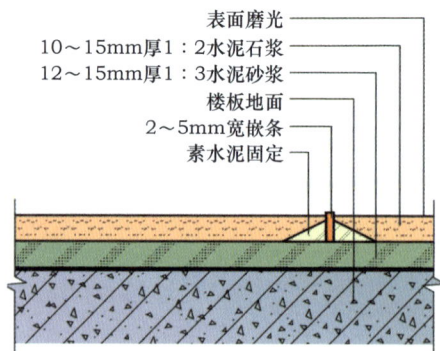

表面磨光
$10 \sim 15mm$厚1：2水泥石浆
$12 \sim 15mm$厚1：3水泥砂浆
楼板地面
$2 \sim 5mm$宽嵌条
素水泥固定

图 3-27　水磨石地面构造

2）施工要点。地面基层上不能有油污、浮土，将沾在基层上的水泥浆皮铲净，四周墙壁上弹出标高水平线、高度一般为50mm。采用1：3水泥砂浆找平地面，厚度12～15mm。弹分格线一般采用800mm×800mm规格，如果设计有图案，应按设计要求弹出清晰的线条。水泥石浆倒入厚度10～15mm，不宜超过镶嵌铜条，且铜条应擦洗干净（见图3-28）。机械打磨时机要把握好，过早打磨石粒易松动，过迟造成磨光困难，因此需进行试磨，以面层不掉石粒为准。机械打磨分别为粗磨、细磨、磨光等3遍，每遍打磨均要浇水养护，防止粉尘污染。水磨石地面施工完毕后表面应光滑、无裂纹、砂眼、磨纹，石粒密实，显露均匀。镶边的边角整齐光滑，不同面层颜色相邻处不混色（见图3-29）。艺术水磨石地面要求阴阳角收边方正，色泽一致，厚薄均匀，光滑明亮，图纹清晰，表面洁净。对于艺术水磨石还要采用水晶硅等产品养护。

图 3-28　镶嵌铜条

图 3-29　水磨石打磨完毕

2. 人造石材饰面施工

1）施工方法。首先，将施工基层杂物清理干净，并在四周墙壁上弹出标高水平线。然后，采用水泥砂浆找平，并养护24h，同时根据设计要求切割人造石材。接着，用较稠的素水泥浆铺在人造石材背面，将石材平整铺贴在基层上。最后，调整表面平整度，采用填缝剂填补缝隙（见图3-30和图3-31）。

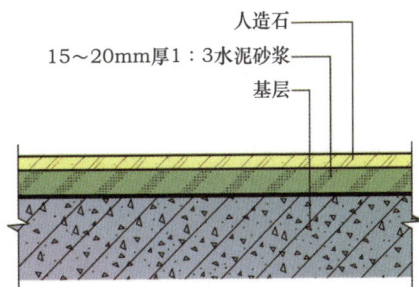

人造石
15～20mm厚1：3水泥砂浆
基层

图 3-30　人造石材饰面构造

93

2）施工要点。人造石材结构致密，而且锯切中的脆性也高于石材，容易产生崩边缺陷。在切割过程中应确保平衡，尽量减低震动，特别是侧面摆动。尽量使用台式锯切机，以便从机械类型上就易于保证加工平稳。人造石材在机器台面上必须摆放十分平稳，关键在于调整好进刀速度，使用手持切割机时，应握稳避免抖动，并安装选用专用金刚石锯片。切割时还应充分浇水冷却，注水水流要始终都动态对准随时变动中的切割锋面。保证充分的冷却条件十分重要，否则切割锋面过热，甚至摩擦严重到发红打火，就极易导致裂纹隐伤或直接炸裂。采用人造石铺装地面时，要在铺设水泥砂浆时留一些沟槽，不同于石材、瓷砖须全部铺满水泥砂浆。

(a) 水泥砂浆找平　　(b) 铺装石材　　(c) 调整石材平整度

图3-31　人造石材铺面施工要点

补充要点

聚酯人造石与天然石材比较

　　聚酯人造石与天然石材从外观上要注意比较。

1. 表面光泽。天然石材色泽比较透亮，有大面积的天然纹路。聚酯人造石颜色比较混浊，没有明显纹路，且纹理也很平庸（见图3-32）。

2. 观察侧壁。天然石材侧壁的色泽、纹理、质感一致，表里如一。聚酯人造石侧壁密度一般分为2～3个层次，上表层比较细腻，而中下层比较粗糙，或在色彩上有一定的差异，上表层比较鲜亮，中下层比较暗淡（见图3-33）。

复合人造石与烧结人造石

1. 复合人造石。它的底层用低廉而性能稳定的无机材料，面层用聚酯与大

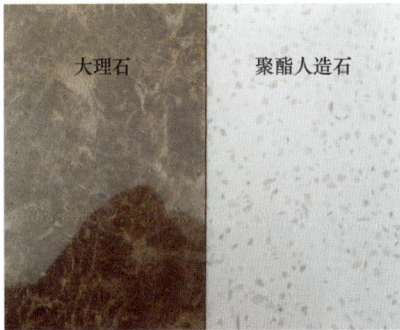

図 3-32　表面光泽对比

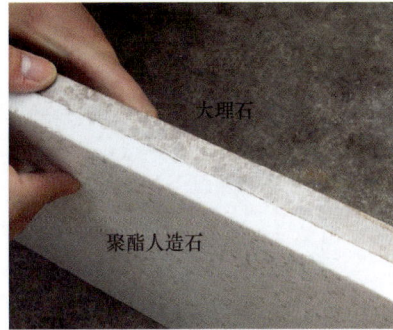

图 3-33　侧壁对比

理石粉制作。无机黏结材料为水泥，有机体可用苯乙烯、甲基丙烯酸甲酯、乙酸乙烯、丙烯腈、二氯乙烯、丁二烯、异戊二烯等，这些单体可以单独使用或组合使用，也可与聚合物混合使用（见图3-34）。

2. 烧结人造石。它是将斜长石、石英、辉石、方解石粉、赤铁矿粉及部分高岭土等混合，用泥浆法制备坯料，用半干压法成型，在窑炉中经1000℃左右的高温焙烧而成。烧结型人造石材的装饰性好，性能稳定，但需经高温焙烧，因而能耗大，造价高（见图3-35）。

图 3-34　复合人造石

图 3-35　烧结人造石

课后练习

1. 仔细比较天然石材与人造石材的区别。

2. 仔细比较花岗岩与大理石的区别。

3. 收集10种天然石材的小块样本，熟记石材名称与纹理样式。

4. 考察天然石材干挂装修构造，绘制详细剖面图。

5. 考察聚酯人造石装修构造，绘制详细剖面图。

6. 考察装饰材料市场，了解更多微晶石的特性与应用方式。

第四章

陶瓷与玻璃制品

陶瓷与玻璃制品是现代装修中不可缺少的材料，这类材料具有平整的表面、光洁的质地，适用于潮湿、耐磨、户外等特殊装修空间。在装饰技术发展与生活水平提高的今天，陶瓷与玻璃制品的生产更加科学化、现代化，其品种、花色多样，性能也更加优良。由于表面质地相差不大，在应用中要注意分析和识别。

第一节　釉面砖

一、釉面砖

釉面砖又称为陶瓷砖、瓷片，是陶瓷砖的典型代表。釉面砖是以陶土与瓷土为主要原料，加入助溶剂，经过研磨、烘干、烧结成型的陶瓷制品，表面可以制作成各种图案与花纹（见图4-1）。

陶土烧制出来的背面呈灰红色，瓷土烧制的背面呈灰白色（见图4-2）。由陶土烧制而成的釉面砖吸水率较高，质地较轻，强度较低，价格低廉。由瓷土烧制而成的釉面砖吸水率较低，质地较重，强度较高，价格较高。但是，釉面砖表面是釉料，所以耐磨性不及抛光转、玻化砖（见图4-3）。目前，我国的釉面砖产量很大，由于很多生产原料都开采于地壳深处，多少都会沾染一些岩石层中的放射性物质，具有一定的放射性。因此，不符合出厂标准的劣质釉面砖危害性极大，甚至不亚于天然石材。

在现代装修中，釉面砖主要用于餐厅、厨房、卫生间（见图4-4）、阳台等室内外墙面铺装，其中瓷质釉面砖可以用于地面铺装，品种样式繁多（见图4-5）。墙面砖规格一般为250mm×330mm×6mm、300mm×450mm×6mm、300mm×600mm×8mm等。高档墙面砖还配有相当规格的腰线砖、踢脚线砖、顶脚线砖等，均施有彩釉装饰，且价格高昂，其中腰线砖的价格是普通砖的5～8倍。地面砖规格一般为300mm×300mm×6mm、330mm×330mm×6mm、

图 4-1　釉面砖

图 4-2　瓷土釉面砖背面

图 4-3 釉面砖表面

图 4-4 釉面砖铺装

图 4-5 釉面砖样式

600mm × 600mm × 8mm等，中档瓷质釉面砖的价格为40~60元/m²。

　　釉面砖的产品种类很多，价格参差不齐，选购时要注意识别。将多块砖平整放在地上，观察砖体是否平整一致，对角处是否嵌接整齐，没有尺寸误差与色差的就是优质砖（见图4-6和图4-7）。全瓷釉面砖的背面为乳白色，而陶质釉面砖的背面为土红色。用手指垂直提起陶瓷砖的边角，让瓷砖自然垂下，用另一手指关节部位轻敲瓷砖中下部，声音清亮响脆的是优质瓷砖，而声音沉闷混浊的是劣品。还可以将瓷砖背部朝上，滴入少许淡茶水，如果水渍扩散面积较

图4-6　色差对比

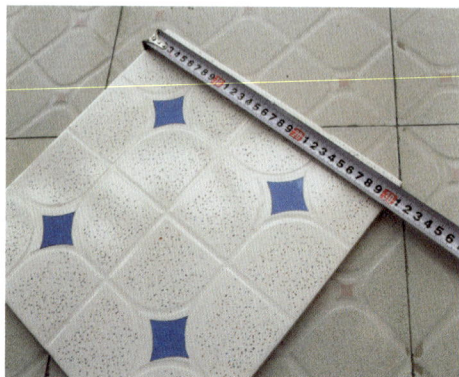

图4-7　测量尺寸

小则为优质瓷砖，反之则为劣品（见图4-8）。因为优质陶瓷砖密度较高，吸水率低，强度好，而低劣陶瓷砖密度很低，吸水率高，强度差，且铺装完成后，水泥的黑灰色会透过砖体显露于表面。

图4-8　滴水测试

二、通体砖

　　通体砖又称为无釉砖，是表面不施釉的陶瓷砖，因此正反两面材质与色泽一致，只不过正面有压印的花色纹理，目前多数防滑陶瓷砖都属于通体砖。部分产品采用岩石碎屑经过高压压制而成，表面抛光后坚硬度可与石材相比，吸水率更低，耐磨性更好。目前，使用频率高且技术较成熟的产品有以下几种：

1. 渗花砖

　　渗花砖是通体砖的一种，它是将可溶性的着色盐类加入添加剂调成具有一定稠度的印花剂，通过丝网印刷的方法将其印刷到砖坯上。这些可溶性的着色印花剂随着水分一起渗透到砖坯内部，烧成后即为渗花砖。由于着色物质能渗透到砖坯内部达2mm厚，所以虽经抛光仍能保持图案清晰（见图4-9和图4-10）。

　　渗花砖的基础材料还是黏土或瓷土，用于墙面铺装多选用陶质砖，用于地面铺装多选用瓷质砖。渗花砖的色彩、花纹不太丰富，光泽度不高，一般呈磨砂状或亚光状，使用时间较长，污迹、灰尘会渗透到砖体中去，造成旧损的效果。因此，现代装修一般将渗花砖铺装在光线较暗的空间。因为价格低廉，对于面积较大的户外庭院、露台也可以选用渗花砖。

图 4-9　渗花砖

图 4-10　渗花砖样式

由于渗花砖不耐脏，因此，现在很多渗花砖产品表面被加工成波纹状、凸凹状等纹理，且色彩以灰色系列为主，也具有一定的使用价值。现代渗花砖多用于地面铺装，属于瓷质品，规格一般为300mm×300mm×6mm、500mm×500mm×6mm、600mm×600mm×8mm等，中档瓷质渗花砖的价格为40~60元/m²。

选购时，将4块砖平整摆放在地面上，观察边角是否能完全对齐，观察是否有起翘、波动感。可以用卷尺仔细测量各砖块的边长与厚度，优质产品的边长尺寸误差应小于1mm。可以用油性记号笔在砖材表面涂画，如果轻轻擦拭就能去除笔迹，则说明质量不错，反之则质量较差。也可以用0号砂纸打磨砖体表面，若不掉粉尘则为优质产品。

2. 抛光砖

抛光砖是通体砖坯体的表面经过打磨而成的一种光亮的通体砖。采用黏土与石材粉末经压制，然后烧制而成，正面与反面色泽一致，不上釉料。

抛光砖坚硬耐磨，抗弯曲强度大，在生产过程中由数千吨液压机压制，再经1200℃以上高温烧结，强度高、砖体薄、重量轻，具有防滑功能。但是抛光砖在生产时留下的凹凸气孔会藏污纳垢，造成表面很容易渗入污染物，优质抛光砖在出厂时都加了一层被称为超洁亮的防污层。

抛光砖一般用于相对高档的装修空间，商品名称很多，如铂金石、银玉石、钻影石、丽晶石、彩虹石等（见图4-11），选购时不能被繁杂的商品名迷惑，仍要辨清产品属性。抛光砖与渗花砖的区别主要在于表面的平整度，抛光砖虽然也有亚光产品，但是大多数产品都为高光，比较光亮、平整。渗花砖多为亚光或具有凸凹纹理的产品，表面只是平整而无明显反光，经过仔细观察，表面存在细微的气孔。抛光砖的规格通常为300mm×300mm×6mm、600mm×600mm×8mm、

图4-11 抛光砖样式

800mm×800mm×10mm等，中档产品的价格为60～100元／m²。抛光砖的选购方法与渗花砖一致。

3. 玻化砖

玻化砖又称为全瓷砖，是通体砖表面经过打磨而成的光亮瓷砖，属通体砖中的一种。玻化砖采用优质高岭土经强化高温烧制而成，质地为多晶材料，具有很高的强度与硬度，其表面光洁而又无须抛光，因此不存在抛光气孔的污染问题。一般而言，吸水率小于0.5%的瓷砖都称为玻化砖。

不少玻化砖具有天然石材的质感，而且具有高光度、高硬度、高耐磨、吸水率低，色差少等优点，其色彩、图案、光泽等都可以人为控制，铺装在墙地面上能起到隔声、隔热的作用，而且它比大理石轻便。玻化砖主要用于大面积空间的地面铺装，产品种类有单一色彩效果、花岗岩外观效果、大理石外观效果、印花瓷砖效果等（见图4-12）。但是，玻化砖铺装完毕后，要对砖面进行打蜡处理，否则液态污渍会渗入砖面的微孔中形成花斑，最终影响美观。

玻化砖尺寸规格一般较大，通常为600mm×600mm×8mm、800mm× 800mm×10mm、1000mm×1000mm×10mm、1200mm×1200mm×12mm，中档产品的价格为80～150元／m²。

图4-12　玻化砖样式

在选购玻化砖时，要注意与常规抛光砖区分开。可以掂量比较相同规格、相同厚度的瓷砖，手感较重的为玻化砖，手感轻的为抛光砖。从表面上来看，玻化砖是完全不吸水的，即使洒水至砖体背面也不应该有任何水迹扩散的现象。

4. 微粉砖

微粉砖是在玻化砖的基础上发展起来的一种全新通体砖，所使用的胚体原料颗粒研磨得非常细小，通过计算机随机布料制胚，经过高温高压煅烧，对表面进行抛光而成，其表面与背面的色泽一致。目前，市场上还出现了超微粉砖，它的基础材料与微粉砖一样，只是表面材料的颗粒单位体积更小，只相当于普通抛光砖原料颗粒的5%左右，这一点从侧面可以看得很明显。

超微粉砖改善了传统抛光砖花色图案单调、砖体表面光泽度差、耐磨性差、防污抗渗能力低等弊端，其花色图案自然逼真，石材效果强烈（见图4-13），采用超细的原料颗粒，产品光洁耐磨，不易渗污。每片超微粉砖的花纹都不同，铺装效果非常协调、自然，这也是区别于普通陶瓷砖的重要标识。微粉砖由于胚体的颗粒更小更细，其胚体颗粒的排列更紧密，密度也更大一些，其防污性能比渗花砖、抛光砖、玻化砖更优越。

在现代装修中，微粉砖正全面取代玻化砖，成为地面装修材料的首选，

图4-13　微粉砖样式

一般用于面积较大的空间，如酒店、餐厅、博物馆的大堂。微粉砖尺寸规格一般较大，通常为800mm×800mm×10mm、1000mm×1000mm×10mm、1200mm×1200mm×12mm，中档产品的价格为100~200元／m²。

选购微粉砖时要注意与其他通体砖区分。微粉砖最显著的特征是表面的纹理不重复，正反色彩一致，完全不吸水，泼洒各种液体至表面、背面均不会出现任何细微的吸入状态（见图4-14）。可以采用尖锐的钥匙或金属器具在其表面磨划，不会产生任何划痕（见图4-15）。

图 4-14　泼水测试

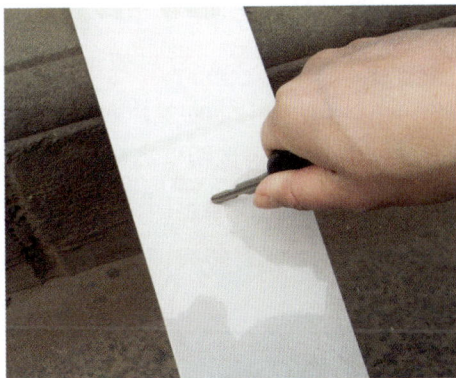

图 4-15　模拟测试

三、其他饰面砖

在现代装修中，除了在主要空间的墙、地面铺装上述砖材外，在一些特殊功能空间，或要求营造出特殊设计风格的空间，还需要铺装更有特色的装饰面砖。

1. 劈离砖

劈离砖又称为劈开砖或劈裂砖（见图4-16），它以长石、石英、高岭土等陶瓷原料经干法或湿法粉碎混合

图 4-16　劈离砖样本

后制成具有可塑性的湿坯料，经机械挤压成双面扁薄，且中间有筋条相连的中空砖坯，再经切割、干燥，然后在1100℃以上高温下烧成，最后将其沿着筋条最薄弱的连接部位劈开而成两片，故称为劈离砖。

劈离砖的强度高，吸水率不大于6%，表面硬度大，防潮防滑，耐磨耐压，耐腐抗冻，骤冷骤热性能稳定。劈离砖坯体密实，背面凹纹与粘结砂浆形成完美结合，能保证铺装时粘结牢固。劈离砖种类很多，色彩丰富，颜色自然柔和，表面质感变化多样，或细质轻秀，或粗质浑厚。

劈离砖一般用于室外空间的墙面、构造铺装，也可以根据设计风格局部铺装在各种立柱、墙面上，用于仿制黏土砖的砌筑效果，给人怀旧感，可以采用专用瓷砖胶粘贴。劈离砖的主要规格为240mm×52mm、240mm×115mm、194mm×94mm、190mm×190mm、240mm×115mm等，厚8～13mm不等，价格为30～40元／m²。选购劈离砖主要注意平整度与尺寸精度。多数劈离砖产品表面并不十分平整，那是因为要仿制出黏土砖的砌筑效果，但是也不能完全变形。观察多块劈离砖表面，其起伏形态应该一致，此外，边角应当完整而不残缺。

2. 彩胎砖

彩胎砖又称为耐磨砖，是一种本色无釉的瓷质墙、地饰面砖。彩胎砖采用彩色颗粒土原料混合配料，压制成多彩坯体后，经一次烧结成形（见图4-17）。彩胎砖表面呈多彩细花纹状，富有天然花岗岩的纹理特征，有多种基色，但是色调较灰，纹点细腻，色调柔和莹润，质朴高雅。彩胎砖吸水率小于1%，耐磨性很好。

彩胎砖由于比较耐磨，主要用公共活动空间的墙、地面铺装（见图4-18），也可以与玻化砖等光亮的砖材组成几何拼花。彩胎砖的最小规格为100mm×100mm，最大规格为600mm×600mm，厚度为5～10mm不等。价格为40～50元/m²。彩胎砖的市场占有率不高，质量比较均衡，选购

图4-17 彩胎砖

时注意外观完整性即可。由于彩胎砖表面无釉，在使用中要防止酸、碱含量高的溶剂对它造成腐蚀。

3. 麻面砖

麻面砖又称为广场砖，属于通体砖的一种，是采用仿天然岩石色彩的配料，压制成表面凹凸不平的麻面坯体后，经一次烧成而成的炻质面砖。麻面砖的表面酷似经人工修凿过的天然岩石面，纹理自然，粗犷质朴，色彩丰富（见图4-19）。

麻面砖按用途一般可以分为地面砖、墙面砖两种。其中地面砖较厚，经过严格的选料，采用高温慢烧技术，耐磨性好，抗折强度高，吸水率小于1%，具有防滑耐磨特性。墙面砖较薄，表面粗犷、防滑，系列品种丰富，通过不同规格、各种颜色的灵活巧妙设计，可以拼贴出丰富多彩、风格迥异的图案，可满足各种装饰需要。

图 4-18　彩胎砖铺装

图 4-19　麻面砖样本

麻面砖由于特别耐磨、防滑，并具有装饰美观的性能，广泛用于广场、停车位、庭院、楼梯台阶、花坛、露台等户外空间的墙、地面铺装。在铺装过程中可以根据设计要求作彩色拼花设计。方形麻面砖常见边长规格为100～300mm，地面砖厚10～12mm，墙面砖厚5～8mm，其中6mm厚的墙面砖价格为40～50元／m²。

在选购时，要进行常规测量、观察，检查砖材外观质量，可以将酱油等有色液体滴落在砖体表面，不能有浸入感。可以用0号砂纸用力打磨砖体边角，优质产品不应产生粉尘。如果条件允许，将规格为100mm×100mm×10mm的地面砖用力向地面上摔击，不应产生破碎或有破角。

4. 仿古砖

仿古砖是从彩色釉面砖演化而来的产品，实质上还是上釉的瓷质砖。仿古指的是砖的表面效果，也可以称为具有仿古效果的瓷砖。它与普通瓷砖不同的是在烧制过程中，使用模具压印在砖坯体上，铸成凹凸的纹理，再经过施釉烧制。仿古砖的设计图案、色彩是所有装饰面砖中最为丰富多彩的产品（见图4-20）。仿古砖多采

图4-20　仿古砖展示

用自然色彩，尤其是采用单一或复合的大自然色彩，以及较为抽象的色彩，如春、夏、秋、冬季节对自然色彩的影响。

仿古砖的应用非常广泛，可以用于面积较大的门厅、大堂、庭院、广场等空间的地面铺装，还可以在具有特殊设计风格的西餐厅、厨房、卫生间墙地面铺装。如果同时用于墙、地面铺装，一般应选用成套的产品较好，这样视觉效果更统一，装修品质也更高。仿古砖的规格与常规釉面砖、抛光砖一致，用于墙面铺装的仿古砖规格为250mm×330mm×6mm、300mm×450mm×6mm、300mm×600mm×8mm等，用于地面铺装的仿古砖规格为300mm×300mm×6mm、600mm×600mm×8mm，此外，不少品牌产品还设计出特殊规格用于拼花铺装，具体规格根据厂家设计而定制。中档仿古砖价格为80～120元/m²，带有特殊规格拼花砖的产品价格要上浮20%～50%。仿古砖的选购识别方法与瓷质釉面砖一致。

5. 锦砖

锦砖又称为马赛克、纸皮砖，是指在装修中使用的拼成各种装饰图案的片状小砖。锦砖具有晶莹、细腻的质感，体现材料的高贵感。锦砖砖体薄，自重轻，铺装后不易脱落。即使少数砖块掉落下来，也不会构成危险性，也方便修补。现代锦砖主要有石材锦砖、陶瓷锦砖、玻璃锦砖3种。

1）石材锦砖。它是指采用天然花岗岩、大理石加工而成的锦砖，在1片石材锦砖中，往往会搭配多种不同色彩、质地的天然石片，使锦砖的铺装效果特别丰富。用于生产石材锦砖的原料各异，对原料的体量无特殊要求，一般利用

天然石材的多余角料进行生产，节能环保。石材锦砖上的组合体块较小，表面一般被加工成高光、亚光、粗磨等多种质地，多种色彩相互搭配，装饰效果特别出众。目前，还有很多产品在其中加入了部分陶瓷锦砖、玻璃锦砖，提升石材锦砖的光亮度，丰富了石材锦砖的层次。石材锦砖一般用于各种空间的墙、地面局部铺装，不适合大面积铺装。石材锦砖的规格多样，一般单片锦砖的通用规格为边长300mm，其中小块石材规格不定，边长为10～50mm不等，小块石材的厚度为5～10mm，小块石材之间的间距或疏或密，一般不大于3mm。价格为30～40元／片（见图4-21）。

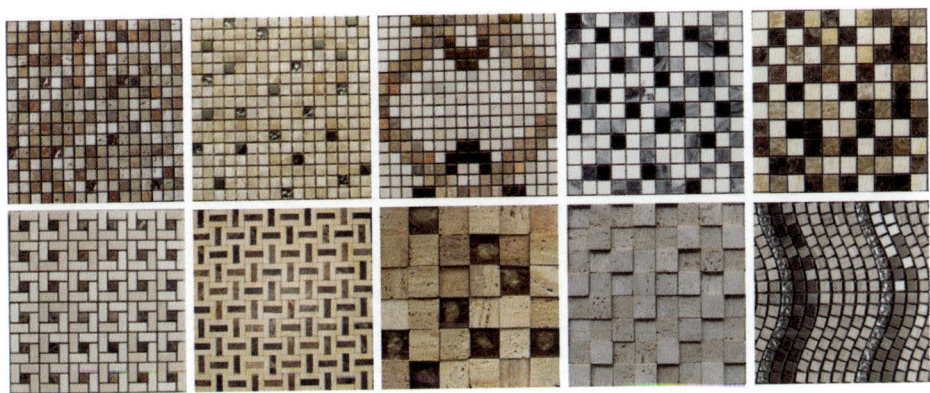

图4-21　石材锦砖样式

2）陶瓷锦砖。它又称为陶瓷什锦砖、纸皮瓷砖、陶瓷马赛克，为了制成各种颜色的陶瓷锦砖，在生产过程中，往泥料中加入着色剂，最终经过高温烧制成。陶瓷锦砖不仅具有质地坚实、色泽美观、图案多样的优点，而且具有抗腐蚀、耐磨、耐污染、自重较轻、吸水率小等优质性能。陶瓷锦砖一般用于各种空间的墙、地面局部铺装，不适合大面积铺装。陶瓷锦砖的规格多样，不同厂商开发的产品各异，一般单片锦砖的通用规格为边长300mm，其中小块陶瓷规格不定，边长为10～50mm不等，小块石材的厚度为4～6mm，小块陶瓷的间距比较均衡，一般为2mm左右。价格为10～25元／片（见图4-22）。

3）玻璃锦砖。又称为玻璃马赛克、玻璃纸皮砖，是一种小规格的彩色饰面玻璃，是具有多种颜色的小块玻璃镶嵌材料。玻璃锦砖最具特色的是带金属色斑点、花纹或条纹的产品，能增显装修空间的档次。玻璃锦砖正面光泽滑润细

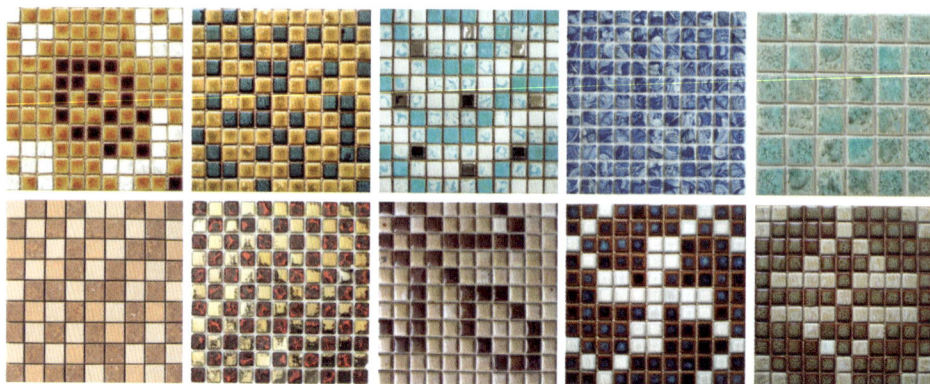

图 4-22　陶瓷锦砖样式

腻，背面带有较粗糙的槽纹，以便用于粘贴铺装。玻璃锦砖色泽绚丽多彩、典雅美观、质地坚硬、性能稳定，一般用于各种空间的墙、地面局部铺装，不适合大面积铺装。玻璃锦砖的规格多样，不同厂商开发的产品各异，一般单片锦砖的通用规格为边长300mm，其中小块玻璃锦砖规格不定，边长为10～50mm不等，小块玻璃的厚度为3～5mm，小块玻璃之间的间距比较均衡，一般为3mm左右。价格为25～40元／片（见图4-23）。

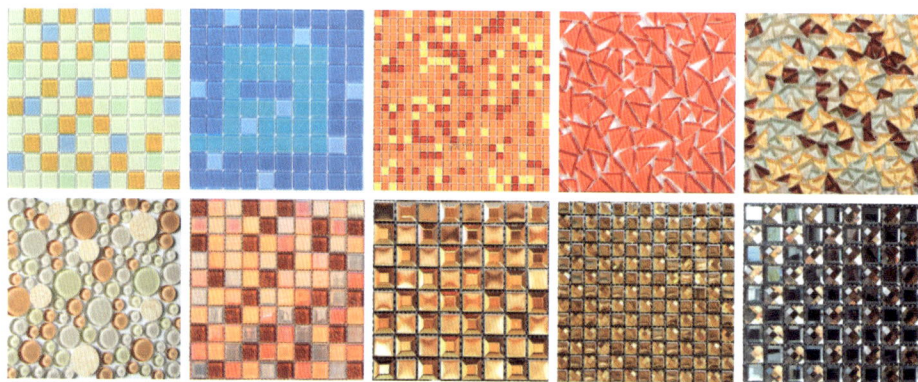

图 4-23　玻璃锦砖样式

不同品种的锦砖质量有差异，但是选购方法基本相同。可以将2～3片锦砖平放在采光充足的地面上，目测距离为1m左右，优质产品应无任何斑点、粘疤、起泡、坯粉、麻面、波纹、缺釉、棕眼、落脏等缺陷。但是天然石材锦砖允许存在一定的细微孔洞，瑕疵率应不大于5%。用卷尺仔细测量锦砖的边长，标准产品的边长为300mm，各边误差应不大于2mm，特殊造型锦砖除外。可以用双手拿捏在锦砖一边的两角上，使整片锦砖直立，然后自然放平，反复5次，以不掉砖为优质产品。或将整片锦砖卷曲，然后伸平，反复5次，或反复褶皱小砖块，以不掉砖为优质产品（见图4-24）。如果条件允

图4-24　剥揭测试

许，可以将锦砖放置在水中浸泡30min后，用手剥揭，优质锦砖中的小块材料能顺利脱离玻璃纤维网或牛皮纸。

四、陶瓷砖施工

在现代装修中，装饰面砖的施工是一项技术性极强，且非常耗费工时的项目，选购的优质材料还需经过严谨的构造设计，最终赋予施工。

1. 墙面砖施工

1）施工方法。首先，铺装前应先清理墙面基层，铲除水泥结块，平整墙脚，但是不要破坏防水层。同时，选出用于墙面铺装的瓷砖浸水后取出晾干。然后，配置水泥砂浆或素水泥待用，对铺装墙面洒水，并放线定位，精确测量转角、管线出入口的尺寸并裁切瓷砖。接着，在瓷砖背部涂抹水泥砂浆或素水泥，从下至上准确粘贴到墙面上，保留的缝隙要根据瓷砖特点来定制。最后，采用瓷砖专用填缝剂填补缝隙，使用干净抹布将瓷砖表面擦拭干净，养护待干（见图4-25）。

2）施工要点。选砖时要仔细检查墙面砖的几何尺寸、色差、品种，以及每一件的色号，防止混淆，产生色差。铺装墙面如果是涂料基层，必须洒水后将涂料铲除干净并凿毛。施工前应检查基层的平整度，可用1：3水泥砂浆找平。用于墙砖铺装的水泥砂浆体积比一般为1：1，也可用素水泥铺装。墙砖粘贴时，缝隙应不大于1mm，横竖缝必须完全贯通，严禁错缝，墙砖误差大

(a) 墙面砖铺装构造

(b) 瓷砖需浸泡3~5小时后晾干

(c) 放线定位并保留开关位置

(d) 按照放线位置铺贴墙面砖

(h) 在下端插入木屑或牙签保持横向平整度

(g) 先贴紧下端再向上推压

(f) 瓷砖背面涂满素水泥

(e) 切割瓷砖时需要同步浇水

(i) 铺贴时用水平尺校对并修正

(j) 开关插座面板用线盒保护盖封闭

(k) 墙面灯具需留出电线

(l) 铺贴完毕后用填缝剂修补平整

图 4-25　墙面砖施工方法

图 4-26　固定平整

于1mm，砖缝缝宽调宽至2mm。墙砖铺装时应用1m长的水平尺检查平整度，误差小于1mm，用2m长的水平尺检查，误差应小于2mm，相邻砖之间不能有误差。墙砖镶贴要用橡皮锤敲击固定，砖缝之间的砂浆必须饱满，严防空鼓（见图4-26），墙砖的最上层铺装完毕后，应用水泥砂浆将

上部空隙填满。墙砖铺完后1h内必须
用专用填缝剂勾缝，并保持墙砖表面
清洁。

2. 地面砖施工

1）施工方法。地面砖铺装构造
如图4-27所示。铺装施工顺序如下：
首先，应清理地面基层，铲除水泥疙
瘩，平整墙脚，但是不要破坏建筑结
构。然后，配置水泥砂浆待干，对铺

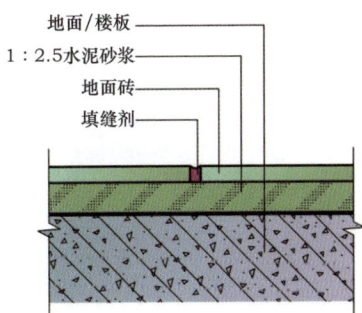

图 4-27　地面砖铺装构造

装地面洒水，放线定位，并对地面砖进行裁切。普通釉面砖与抛光砖仍需浸水
后取出晾干，将地砖预先铺设并依次标号。接着，在地面上铺设平整且较干的
水泥砂浆，依次将地砖铺装到地面上。最后，采用专用填缝剂填补缝隙，使用
干净抹布将瓷砖表面的水泥擦拭干净，养护待干（见图4-28）。

2）施工要点。地面上刷一遍素水泥浆或直接洒水，注意不能积水，防
止通过楼板缝渗到楼下。当地面高差超过20mm时，就要做一遍水泥砂浆找平
层。地砖铺装前应经过仔细测量，再通过计算机绘制铺设方案，统计出具体地
砖数量，以排列美观和减少损耗为目的，并且重点检查空间的几何尺寸是否整
齐。使用1∶2.5水泥砂浆，砂浆应为干性，手捏成团稍出浆，粘接层厚度应不
小于12mm，灰浆饱满，不能空鼓。铺装之前要在横竖方向拉十字线，地砖之
间的缝宽为1mm左右，不能大于2mm。要注意地砖是否需要拼花或是按统一方
向铺装，切割地砖一定要准确，预留毛边位后打磨平整、光滑。地砖铺设时应
随铺随清，随时保持清洁干净，可以采用棉纱或锯末清扫。地砖铺装的平整度
要用长1m以上的水平尺检查，相邻地砖高度误差应不大于1mm。地砖勾缝在
24h内进行，并做养护和一定保护措施。

3. 锦砖铺装施工构造

1）施工方法。首先，应清理墙、地面基层，铲除水泥结块，平整墙脚，但
是不要破坏防水层。同时，检查并选出用于铺装的玻璃锦砖（见图4-29）。然后，
配置水泥砂浆或素水泥待用，对铺装墙、地面洒水，并放线定位，裁切玻璃锦
砖。接着，在铺装界面与玻璃锦砖背部分别涂抹水泥砂浆或素水泥，依次准确粘

(a) 将地面基层打扫干净

(b) 地砖需浸泡3~5小时后晾干

(c) 地砖采取干铺工艺

(f) 铺贴时需对正地砖花纹

(e) 铺贴时小心轻放

(d) 地砖背面涂抹较干素水泥

(g) 橡皮锤敲击四角保证地砖对齐

(h) 铺贴时随时用水平尺校正

(i) 地砖铺贴交界处使用门界石

图4-28 地面砖施工铺装顺序

贴到墙面上。最后，揭开玻璃锦砖的面网，采用玻璃锦砖专用填缝剂擦补缝隙，使用干净抹布将玻璃锦砖表面的水泥擦拭干净，养护待干。

2) 构造要点。施工前要剔平墙面凸出的水泥、混凝土，对于混凝土墙面应凿毛，并用钢丝刷全面刷一遍，然后浇水润湿。根据玻璃锦砖的规格尺寸设点做标筋块，放线定位。铺装玻璃锦砖前应根据计算机绘制的图纸放出施工大样，根据高度弹出若干条水平线及垂直线。铺装时在墙面上抹薄薄一层1:1水泥砂浆或素水泥，厚3～5mm，用靠尺刮平，用抹子抹平。同时将锦砖铺在木板上，砖面朝上，向砖缝内灌白水泥素浆（见图4-30）。如果是彩色玻璃锦砖，可以灌彩色水泥。锦砖铺装30min后，可用长毛刷蘸清水润湿

(a) 铺贴前检查锦砖

(b) 调和均匀锦砖填缝剂

(c) 铺贴阳角处预留2~3单元的距离

(f) 锦砖铺贴的内外转角应平整一致

(e) 铺贴干燥80%后在接缝处修补嵌缝剂

(d) 预留开关插座面板位置

图 4-29　锦砖铺装施工方法

玻璃锦砖面网，待纸面完全湿透后，自上而下将纸揭下。操作时，手执上方面网两角，动作、角度要与墙面平行一致，保持协调，以免带动锦砖砖块。

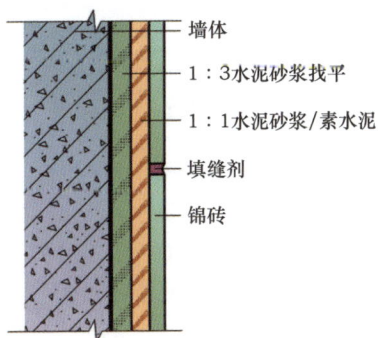

墙体

1:3水泥砂浆找平

1:1水泥砂浆/素水泥

填缝剂

锦砖

图 4-30　锦砖墙面铺装构造

陶瓷砖铺装用量换算方法

以每平方米地面铺装为例，250mm×330mm的砖材需要12.2块；300mm×450mm的砖材需要7.4块；300mm×600mm的砖材需要5.6块；600mm×600mm的砖材需要2.8块；800mm×800mm的砖材需要1.6块。在铺装时遇到边角需要裁切，需计入损耗。地砖所需块数可按下式计算：地砖块数＝（铺设面积／每块板面积）×（1＋地砖损耗率）；地砖损耗率为2%～5%，砖材规格越大，损耗率就越大。

超洁亮

超洁亮是在抛光砖、玻化砖表面增加的纳米级保护层，它具有特殊防护功能，且结构稳定，主要用于提升砖材表面的防污性能，同时也增强了砖材表面的光泽度，其材料完全填补砖材表面的气孔与微裂纹，因而能保证抛光砖、玻化砖具有防污性。普通抛光砖光泽度为50%，而应用超洁亮技术可达90%以上，接近镜面效果，使装饰空间光洁明亮、清新华丽。

琉璃制品

琉璃制品是以黏土为原料，经配料、干燥、素烧、施釉、釉烧而成。琉璃制品表面形成釉层，既能提高表面强度，又提高了其防水性能，同时也增加了装饰效果。

在我国传统装饰中，所用的各种琉璃制品种类繁多，名称复杂，有数百种之多。琉璃瓦是其中用量最多的一种，常用的有几十种，约占琉璃制品总产量的70%左右，瓦件的品种更是五花八门，难以准确分类。

在现代装修中，琉璃制品主要用于具有中式古典风格的庭院装修，如庭院围墙、屋檐、花台等构件的外部铺装。除仿古建筑常用琉璃瓦、琉璃砖、琉璃兽等外，还常用一些琉璃花窗、琉璃花格、琉璃栏杆等各种装饰制件。价格一般根据具体形态、规格来定，但是整体价格低廉。

第二节　玻璃制品

一、普通玻璃

玻璃是一种比较透明的固体物质，主要由石英砂、纯碱、长石及石灰石经高温制成，主要成分为二氧化硅。玻璃在高温熔融时形成连续网络结构，在冷却过程中，其黏度逐渐增大并硬化，广泛应用于需要隔风透光的环境空间。

1. 平板玻璃

平板玻璃又称为白片玻璃或净片玻璃，是最传统的透明固体玻璃。它是未经过进一步加工，表面平整而光滑，具有高度透明性能的板状玻璃的总称，是现代装修中用量最大的玻璃品种，也是各种装饰玻璃的基础材料。

平板玻璃按厚度可分为薄玻璃、厚玻璃、特厚玻璃。平板玻璃还可以通过着色、表面处理、复合等工艺制成具有不同色彩与各种特殊性能的玻璃制品。平板玻璃具有良好的透视、透光性能，其可见光线反射率在7%左右，透光率为82%～90%。

平板玻璃的规格一般不低于1000mm×1200mm，厚度通常为2～20mm，其中厚度为5～6mm的产品最大可以达到3000mm×4000mm。目前，常用平板玻璃的厚度有0.5～25mm多种，应用方式各有不同。目前，5mm厚的平板玻璃应用最多，常用于各种家具、门窗，价格为35～40元/m^2。

2. 镜面玻璃

镜面玻璃又称为涂层玻璃或镀膜玻璃，它是以金、银、铜、铁、锡、钛、铬或锰等的有机或无机化合物为原料，采用喷射、溅射、真空沉积、气相沉积等方法，在玻璃表面形成氧化物涂层。

镜面玻璃的涂层色彩有多种，常用的有金色、银色、灰色、古铜色等。这种带涂层的玻璃，具有视线的单向穿透性，即视线只能从有镀层的一侧观向无镀层的一侧。镜面玻璃能扩大室内空间与视野，或反映周围景物的变化，使人有赏心悦目的感觉。镜面玻璃反射能力强，其对光线有较强的反射能力，是普通平板玻璃的4～5倍以上，可增加室内的明亮度，使光线柔和、舒适。

在装修中运用的镜面玻璃分为铝镜玻璃与银镜玻璃。铝镜玻璃背面为镀铝材质，颜色偏白、偏灰，一般用于背景墙、吊顶、装饰构造的局部，价格较低。银镜玻璃背面为镀银材质，经敏化、镀银、镀铜、涂保护漆等一系列工序制成，成像纯正、反射率高、色泽还原度好，影像亮丽自然，即使在潮湿环境中也能经久耐用，一般用于梳妆镜面，价格较高。镜面玻璃的规格与平板玻璃一致，厚度通常为4～6mm，其中5mm厚的银镜玻璃价格为40～45元/m²。选购时应注意观察镜面玻璃是否平整，反射的影像不能发生变形。

二、安全玻璃

安全玻璃是一类经剧烈振动或撞击不破碎，即使破碎也不易伤人的玻璃。安全玻璃的品种繁多，能有效保护装饰构造不受破坏，是目前玻璃市场消费的热点。

1. 钢化玻璃

钢化玻璃是安全玻璃的代表，它是以普通平板玻璃为基材，通过加热到一定温度后再迅速冷却而得到的玻璃。钢化玻璃的生产工艺有两种，一种是将普通平板玻璃经淬火法或风冷淬火法加工处理而成，另一种是将普通平板玻璃通过离子交换方法，将玻璃表面成分改变，使玻璃表面形成压应力层，以增加抗压强度。

钢化玻璃的主要优点在于强度比普通玻璃提高数倍，抗弯强度是普通玻璃的3～5倍，抗冲击强度是普通玻璃5～10倍，提高强度的同时也提高了安全性，即使钢化玻璃遭到破坏后也呈无锐角的小碎片，大幅度降低了对人的伤害。钢化玻璃的耐骤冷骤热性质比普通玻璃高3倍以上，可承受180℃以上的温差变化，对防止热炸裂有明显的效果。此外，钢化玻璃热稳定性好，表面光洁、透明，能耐酸、耐碱。钢化玻璃在回炉钢化的同时还可以制成曲面玻璃、吸热玻璃等多种产品。

但是，钢化后的玻璃不能再进行切割、加工，需要在钢化前就将玻璃加工至需要的形状，再进行钢化处理。钢化玻璃的表面会存在凹凸不平现象，有轻微的厚度变薄。变薄的原因是因为玻璃在热熔软化后经过快速冷却，使其玻璃内部晶体间隙变小，所以玻璃在钢化后要比在钢化前要薄。一般情况下，

4～6mm厚的平板玻璃经过钢化处理后会变薄0.2～0.5mm。

钢化玻璃主要用于淋浴房、玻璃家具、无框玻璃门窗、装饰隔墙、吊顶、橱窗展示、玻璃幕墙等部位。钢化玻璃的规格与平板玻璃一致，厚度通常为6～15mm，其中厚度为6mm的钢化玻璃价格为60～70元/m²。钢化玻璃的价格一般要比同规格的普通平板玻璃高20%～30%。

在选购钢化玻璃时要注意识别，钢化玻璃可以透过偏振光片在玻璃的边缘上看到彩色条纹，而在玻璃面层观察，可以看到黑白相间的斑点。偏振光片可以借用照相机镜头或眼镜来观察，观察时注意调整光源方向，这样更容易观察。此外，每块钢化玻璃上都有3C质量安全认证标志。

2. 夹层玻璃

夹层玻璃是在两片或多片平板玻璃或钢化玻璃之间，嵌夹聚乙烯醇缩丁醛树脂胶片，再经过热压黏合而成的平面或弯曲的复合玻璃制品。

夹层玻璃的主要特性是安全性好，一般采用钢化玻璃加工，破碎时玻璃碎片不零散飞落，只产生辐射状裂纹，不致伤人。抗冲击强度优于普通平板玻璃，防范性好，并有耐光、耐热、耐湿、耐寒、隔声等性能。将夹层玻璃安装在门窗上，能起到良好的隔声效果，夹层玻璃能阻隔声波，维持安静、舒适的起居环境，能过滤紫外线，保护皮肤健康，避免贵重家具、陈列品等褪色。它还可减弱太阳光的透射，降低制冷能耗。夹层玻璃受到撞击破损后，其碎块与碎片仍与中间膜粘在一起，不会发生脱落造成伤害。

夹层玻璃的规格与平板玻璃一致，厚度通常为4～15mm，其中厚度为4mm+4mm的夹层玻璃价格为80～90元/m²。如果换用钢化玻璃制作，其价格一般要比同规格的普通平板玻璃高40%～50%。

3. 夹丝玻璃

夹丝玻璃又称为防碎玻璃，是将普通平板玻璃加热到红热软化状态时，再将经过预热处理过的铁丝或铁丝网压入玻璃中间而制成的特殊玻璃。夹丝玻璃所用的金属丝网与金属丝线分为普通钢丝与特殊钢丝两种，普通钢丝规格不小于0.4mm，特殊钢丝规格不小于0.3mm。夹丝网玻璃应采用经过处理的点焊金属丝网（见图4-31和图4-32）。

夹丝玻璃的防火性优越，玻璃遭受冲击或温度剧变时，使其破而不缺，裂而

图 4-31 夹丝玻璃（一）

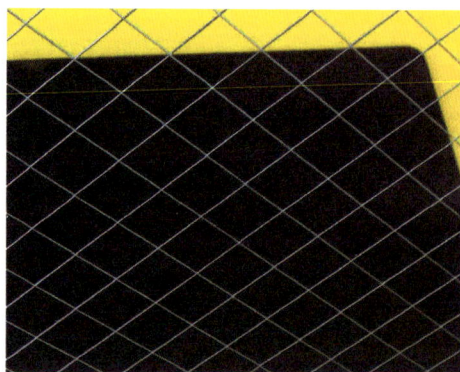

图 4-32 夹丝玻璃（二）

不散，避免棱角的小块碎片飞出伤人，如果发生火灾，夹丝玻璃受热炸裂后仍能保持固定状态，起到隔绝火势的作用，又称为防火玻璃。此外，夹丝玻璃还具有防盗性，普通玻璃很容易打碎，而夹丝玻璃则不然，即使玻璃破碎，仍有金属线网在起作用，夹丝玻璃的防盗性能给人在心理上带来安全感。夹丝玻璃的缺点是在生产过程中，丝网受高温辐射容易氧化，玻璃表面有可能出现黄色锈斑或气泡。其次是透视性不好，因其内部有丝网存在，对视觉效果有一定干扰。

夹丝玻璃常用于天窗、天棚顶盖，如阳光房顶部、玻璃雨篷，以及易受震动的门窗上。夹丝玻璃厚度一般为6～16mm（不含中间丝的厚度），产品尺寸一般介于600mm×400mm与2000mm×1200mm之间。其中10mm厚的夹丝玻璃价格为120～150元/m²。

4. 吸热玻璃

吸热玻璃是指保持较高的可见光透过率，且能吸收大量红外辐射的玻璃。吸热玻璃的生产是在普通钠钙硅酸盐玻璃中加入有色氧化物，如氧化铁、氧化镍、氧化钴以及氧化硒等，或在玻璃表面喷涂有色氧化物薄膜，使玻璃带色，并具有较高的吸热性能（见图4-33）。

吸热玻璃能吸收太阳光辐射并透

图 4-33 吸热玻璃样本

过可见光，如6mm厚的蓝色吸热玻璃能挡住50%左右的太阳辐射能，可见光透过率为80%，同样厚度的古铜色玻璃仅为25%。吸热玻璃能使刺目的阳光变得柔和，特别是在炎热的夏天，能有效改善室内光照，使人感到舒适凉爽。吸热玻璃还能吸收太阳光的紫外线，它能有效减轻紫外线对人体与室内物品的损害。但是却具有一定透明度，能清晰地透过玻璃观察室外景物，玻璃色泽经久不变。

吸热玻璃一般用于长期受阳光直射的门窗，尤其在我国南方日照强烈的地区特别适用。吸热玻璃的规格与钢化玻璃相当，6mm厚的吸热玻璃价格为$60 \sim 70$元/m^2。在选购时应注意，阳光经玻璃投射到室内，光线会发生变化，应根据需要来选择玻璃的颜色。

5. 热反射玻璃

热反射玻璃是指在平板玻璃表面涂覆金属或金属氧化物薄膜制成的玻璃，薄膜包括金、银、铜、铝、铬、镍、铁等金属及其氧化物，镀膜方法有热解法、真空溅射法、化学浸渍法、气相沉积法、电浮法等。热反射玻璃既具有较高的热反射能力，又保持了平板玻璃的透光性，具有良好的遮光、隔热性能（见图4-34）。

图 4-34　热反射玻璃样本

热反射玻璃对太阳辐射能的反射能力较强。普通平板玻璃的太阳能辐射反射率为7% ~ 10%，而热反射玻璃高达25% ~ 40%。热反射玻璃的遮阳系数小，能有效阻止热辐射，有一定的隔热保温的效果。热反射玻璃在迎光面具有镜子的特性，而在背光面则具有普通玻璃的透明效果。但是，热反射玻璃的可见光透过率低，6mm厚的热反射玻璃的可见光透过率比相同厚度的吸热玻璃少60%。热反射玻璃一般用于办公、商业空间的外墙门窗，价格较高，6mm厚的热反射玻璃价格为$100 \sim 120$元/m^2。

6. 中空玻璃

中空玻璃由两层或两层以上的平板玻璃原片构成，四周用高强度气密性复合胶黏剂将玻璃、边框、橡皮条黏结，中间充入干燥气体，还可以涂上各种颜色或不同性能的薄膜，框内充以干燥剂，以保证玻璃原片间空气的干燥度（见图4-35和图4-36）。玻璃原片可以采用普通平板玻璃、钢化玻璃、压花玻璃、夹丝玻璃、吸热玻璃、热反射玻璃等品种。

图4-35　中空玻璃样本

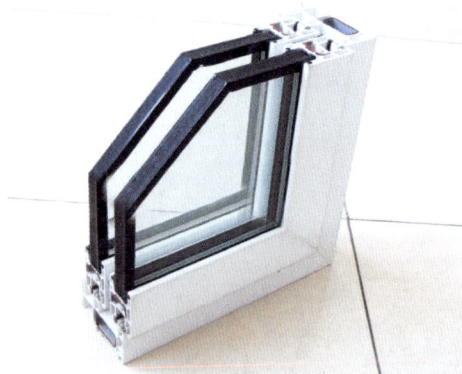

图4-36　中空玻璃门窗展示

中空玻璃的主要功能是隔热隔声，所以又称为绝缘玻璃，且防结霜性能好，结霜温度要比普通玻璃低20℃左右。传热系数低，普通玻璃的耗热量是中空玻璃的两倍。优质中空玻璃寿命可达25年之久。

中空玻璃一般用于建筑外墙门窗上，价格较高，4mm+5mm（中空）+4mm厚的普通加工中空玻璃价格为100~120元/m^2，同规格的铸造中空玻璃价格为300元/m^{2}以上。

中空玻璃在装饰施工中需要预先订制生产，选购时要注意其光学性能、导热系数、隔声系数均应符合国家标准。注意区分中空玻璃与双层玻璃，可以在冬季观察玻璃之间是否有冰冻现象，在春夏观察是否有水汽存在，中空玻璃不存在任何冰冻或水汽。此外，嵌有铝条的均为双层玻璃，中空玻璃的外框一般均为塑钢而非铝合金。

三、装饰玻璃

装饰玻璃是在普通平板玻璃的基础上进行深加工而成的玻璃产品，品种繁多，是现代装修的应用热点。

1. 磨砂玻璃

磨砂玻璃是在平板玻璃的基础上加工而成的，经过机械喷砂或手工碾磨，也可以使用氟酸溶蚀等方法，将玻璃表面处理成均匀毛面，表面朦胧、雅致，具有透光不透形的特点，能透射光线柔和且不刺眼。因此，磨砂玻璃又称为毛玻璃，由于表面粗糙，只能透光而不能透视。

磨砂玻璃在生产中以喷砂技术最常见，所形成的最终产品又称为喷砂玻璃，是采用压缩空气为动力，形成高速喷射束将玻璃砂喷涂到普通平板玻璃表面，其中单面喷砂质量要求均匀，价格比双面喷砂玻璃高。

磨砂玻璃由于其透光不透视的性能，多用于需要隐秘或不受干扰的空间，如厨房、卫生间、卧室、会议室等空间的门窗、灯箱、栏板等局部装饰构造。磨砂玻璃的规格与平板玻璃相当，5mm厚的双面磨砂玻璃价格为40～50元/m²。选购时，要注意玻璃的表面磨砂效果要保持均匀，无透亮点。

2. 压花玻璃

压花玻璃又称为花纹玻璃或滚花玻璃，是采用压延法制造的一种平板玻璃，制造工艺分为单辊法与双辊法。单辊法是将玻璃液浇注到压延成型台上，台面可以用铸铁或铸钢制成，台面或轧辊刻有花纹，轧辊在玻璃液面碾压，制成的压花玻璃再冷却成形。双辊法生产压花玻璃又分为半连续压延与连续压延两种工艺，玻璃液通过水冷的一对轧辊，随辊子转动向前拉引后冷却，一般下辊表面有凹凸花纹，上辊是抛光辊，从而制成单面有图案的压花玻璃。

压花玻璃的基本性能与普通透明平板玻璃相同，仅在光学上具有透光不透视的特点，表面凹凸不平而具有不规则的折射光线，可将集中光线分散，可使光线柔和，具有隐私保护作用并能形成一定的装饰效果。

压花玻璃主要适用于室内空间需要阻断视线的部位，或用于墙、顶面装饰造型。压花玻璃的规格与平板玻璃相当，5mm厚的压花玻璃价格为40～100元/m²，具体价格根据花形不同而有区别。选购压花玻璃时，注意观察玻璃上气泡应小于10个/m²，不允许有夹杂物，表面上受压辊损伤造成的伤痕应小于4条/m²。

3. 雕花玻璃

雕花玻璃又称为雕刻玻璃，是在普通平板玻璃上，利用空气压缩机的强气流在玻璃上冲出各种深浅不同的痕迹、图案或花纹的玻璃。雕花玻璃分为人工雕刻与电脑雕刻两种，其中人工雕刻是利用娴熟刀法的深浅与转折配合，能表现出玻璃的质感，使所绘图案给人呼之欲出的感受；电脑雕刻又分为机械雕刻与激光雕刻，其中激光雕刻的花纹细腻，层次丰富（见图4-37和图4-38）。

图 4-37 雕花玻璃

图 4-38 雕花玻璃设备

雕花玻璃适用于需要阻断视线的装饰构造中，或用于墙、顶面装饰造型。雕花玻璃的规格与平板玻璃相当，但是厚度较大，8mm厚的雕花玻璃价格为200~500元/m^2，电脑雕刻产品价格更高，可达到1000元/m^{2}以上，具体价格根据花形不同而有区别。选购雕花玻璃时，要注意花纹中是否存在裂纹或缝隙，这些瑕疵都会影响玻璃的强度。

4. 彩釉玻璃

彩釉玻璃又称为烤漆玻璃，是在平板玻璃或压花玻璃表面涂敷1层易熔性色釉，然后加热到釉料熔化的温度，使釉层与玻璃表面牢固地结合在一起，经烘干、钢化处理而制成的玻璃装饰材料。

彩釉玻璃釉面永不脱落，色泽及光彩保持常新，背面涂层能抗腐蚀、抗真菌、抗霉变、抗紫外线，能耐酸、耐碱、耐热、防水、不老化，更能不受温度与天气变化的影响。它可以制成透明彩釉、聚晶彩釉、不透明彩釉等品种。彩釉玻璃颜色鲜艳，个性化选择余地大，有上百余种可供挑选（见图4-39和图4-40）。

目前，市面上又出现了烤漆玻璃，工艺原理与彩釉相同，但是漆面较薄，容易脱落，价格相对较低。彩釉玻璃的规格与平板玻璃相当，5mm厚的彩釉玻

图 4-39 彩釉玻璃样本

图 4-40 彩釉玻璃

璃价格为100～120元／m²。彩釉玻璃以压花形态的居多，具体价格根据花形、色彩、品种不等，但整体价格较高，适合小范围使用。

5. 变色玻璃

变色玻璃又称为七彩玻璃，是在适当波长光的辐照下改变其颜色，而移去光源时则恢复其原来颜色的玻璃。又称光致变色玻璃或光色玻璃，是在玻璃原料中加入光色材料制成（见图4-41和图4-42）。

变色玻璃的着色、褪色是可逆的，并且随时间增长不疲劳、不劣化。如果改变玻璃的组成成分，添加剂及热处理条件，可以改变变色玻璃的颜色、变色、褪色速度及平衡度等性能。用变色玻璃制作门窗玻璃，可使烈日下透过的光线变得柔且有阴凉感，在装修中能起到环保节能的作用。变色玻璃的规格与平板玻璃相当，5mm厚的变色玻璃价格为100～120元/m²。

图 4-41 变色玻璃（一）

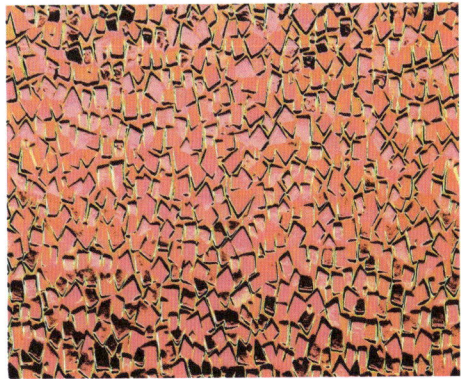

图 4-42 变色玻璃（二）

图 4-43　镭射玻璃

6. 镭射玻璃

镭射玻璃是在玻璃或透明有机涤纶薄膜上涂敷1层感光涂料，利用激光在涂料上刻画出任意的几何光栅或全息光栅，镀上铝或银，再涂上保护漆而制成（见图4-43）。

当镭射玻璃处于任何光源照射下时，都产生色彩变化，而且对于同一受光点或受光面而言，随着入射光角度及观察视角的不同，所产生光的色彩与图案也不同。镭射玻璃五光十色的变幻给人以神奇、华贵、迷人的感受。镭射玻璃的技术性能十分优良，钢化镭射玻璃的抗冲击、耐磨、硬度等性能均优于大理石，与花岗石相近。镭射玻璃的耐老化寿命是塑料的10倍以上，在正常使用情况下，寿命达50年。镭射玻璃的反射率在10%～90%内任意调整。镭射玻璃用途广泛，一般用于建筑玻璃幕墙，镭射玻璃的规格与平板玻璃相当，5mm厚的镭射玻璃价格为200～300元/m²。

四、玻璃砖

玻璃砖是用透明或彩色玻璃制成的块状、空心玻璃制品或块状表面施釉的玻璃制品，主要有以下3类：

1. 空心玻璃砖

空心玻璃砖一直以来是玻璃砖的总称，主要原料是高级玻璃砂、纯碱、石英粉等硅酸盐无机矿物，原料经过高温熔化，并经精加工而成（见图4-44）。在生产过程中，将两块凹形半块玻璃砖坯相互对接，在温度与挤压的作用下使接触面软化，从而将其

图 4-44　空心玻璃砖

牢固粘合在一起，形成整体空心玻璃砖。空心玻璃砖在生产中可以根据设计要求来定制尺寸、大小、花样、颜色。

空心玻璃砖主要有透明玻璃砖、雾面玻璃砖、纹路玻璃砖几种产品，玻璃砖的种类不同，光线的折射程度也会有所不同。空心玻璃砖具有隔声、隔热、防水、节能、透光良好等特点，属于非承重装饰材料，装饰效果高贵典雅、富丽堂皇。采用空心玻璃砖砌筑隔墙，既有区分作用，又能将光引入室内。

空心玻璃砖不仅可以用于砌筑透光性较强的墙壁、隔断、淋浴间等，还可以应用于外墙或室内间隔，为使用空间提供良好的采光效果，并有延续空间的感觉。无论是单块镶嵌使用，还是整片墙面使用，皆可有画龙点睛之效。玻璃砖的边长规格一般为195mm，厚度为80mm，价格为15～25元/块。

2. 实心玻璃砖

实心玻璃砖的构造与空心玻璃砖相似，由两块中间为圆形的凹陷玻璃体粘接而成。由于是实心构造，这种砖质量比较重，一般只能粘贴在墙面上或依附其他加强的框架结构才能安装，一般只作为室内装饰墙体而使用，用量相对较小。实心玻璃砖的颜色比较多，但是大多没有内部花纹，只是表面有磨砂效果。

实心玻璃砖也可以砌筑，但是砖体周边没有凹槽，不能穿插钢筋，砌筑高度一般不大于1m，砌筑过高容易造成墙体变形、坍塌。在设计时，实心玻璃砖周边一般会布置灯光，在夜间或采光较弱的空间中起到点缀装饰作用。玻璃砖的边长规格一般为150mm，厚度为60mm，价格为20～30元／块。

3. 玻璃饰面砖

玻璃饰面砖又称为三明治玻璃砖，其设计元素来源于三明治，它是采用两块透明的抗压玻璃板，在其中间的夹层随意搭配其他材料，最终经热熔而成。玻璃饰面砖中夹入的材料品种多样，如金属、贝壳、树皮等各种具有装饰效果的物品，装饰效果独特，晶莹透亮（图4-45）。

玻璃饰面砖离不开墙体或框架结构的依托，因此用量不大，一般都与常规墙、地砖配套使用，镶嵌在墙、地砖的铺装间隙。玻璃饰面砖的边长规格一般为150～200mm，厚度为30～50mm，具体规格根据厂商设计开发来定，价格为50～80元／块。

图 4-45　玻璃饰面砖样式

4. 玻璃砖选购

玻璃砖制品的价格较高，在选购中要注意识别质量。玻璃砖的外观识别是重点。平摸玻璃砖表面应当精致、细腻，不能存在裂纹，玻璃坯体中不能有不透明的未熔物，两块玻璃体之间的熔接应当完全密封，不能出现任何缝隙（见图4-46）。目测砖体表面，不能有涟漪、气泡、条纹。玻璃砖表面内心面里凹陷应小于1mm，外凸应小于2mm，外观无翘曲及缺口、毛刺等缺陷，角度应平直。还可以采用卷尺测量玻璃砖的各边长度，看是否符合产品标称尺寸，误差应小于1mm（见图4-47）。

图 4-46　平摸表面

图 4-47　测量尺寸

五、玻璃制品施工

玻璃制品的施工一般多以镶嵌为主，与塑料板材的镶嵌施工构造基本一致。下面介绍玻璃隔墙施工构造与玻璃砖砌筑施工构造。

1. 玻璃隔墙施工

1）施工方法。首先，应清理墙、地、顶面基层，铲除水泥结块，平整墙脚，放线定位。然后，采用木龙骨或轻钢龙骨制作框架，以框架为基础，采用木芯板、胶合板制作基层构造，同时定制加工钢化玻璃。接着，检查基架的尺寸、位置、形状，将钢化玻璃镶嵌至基础构造中。最后，调整位置，安装玻璃压条。

2）施工要点。墙位放线应清晰、准确，隔墙基层应平整牢固，框架的安装应符合设计和产品组合的要求。安装玻璃前应对骨架、边框的牢固程度进行检查，如不牢固应进行加固。玻璃边缘与槽底空隙应不小于5mm。玻璃可以嵌入墙体，并保证地面和顶部的槽口深度：当玻璃厚度为5～6mm时，深度为8mm；当玻璃厚度为8～12mm时，深度为10mm。当玻璃厚度为5～6mm时，玻璃与槽口的前后空隙为2.5mm；当玻璃厚8～12mm时，空隙为3mm。这些缝隙用弹性密封胶或橡胶条填嵌，压条应与边框紧贴，不能弯棱、凸鼓。在安装玻璃时，如果其中一面为封闭状态，要注意在安装前清洁好表面，待其干透后证实没有污痕后方可安装，安装时应戴上干净的手套。固定玻璃的部位一般要使用硅酮玻璃胶固定，在门窗构造上安装玻璃时，还需要与橡胶密封条等配合使用。在施工完毕后，要注意加贴防撞警告标志，一般可以粘贴不干胶、彩色电工胶布来提示（见图4-48）。

2. 玻璃砖砌筑施工

1）施工方法。首先，在砌筑周边安装预埋件，并根据实际情况采用型钢加固或砖墙砌筑。然后选出用于砌筑的玻璃砖，备好网架钢筋、支架垫块、

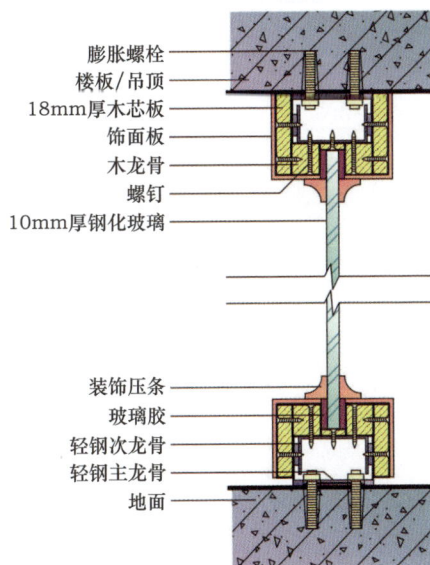

膨胀螺栓
楼板/吊顶
18mm厚木芯板
饰面板
木龙骨
螺钉
10mm厚钢化玻璃

装饰压条
玻璃胶
轻钢次龙骨
轻钢主龙骨
地面

图4-48 玻璃隔墙构造

水泥或专用玻璃胶待用。接着，在砌筑范围内放线定位，从下向上逐层砌筑玻璃砖，如果是户外施工要边砌筑边设置钢筋网架，使用水泥砂浆或专用填缝剂填补砖块之间的缝隙。最后，采用玻璃砖专用填缝剂填补缝隙，使用干净抹布将玻璃砖表面的水泥或玻璃胶擦拭干净，养护待干，必要时对缝隙进行防水处理（见图4-49）。

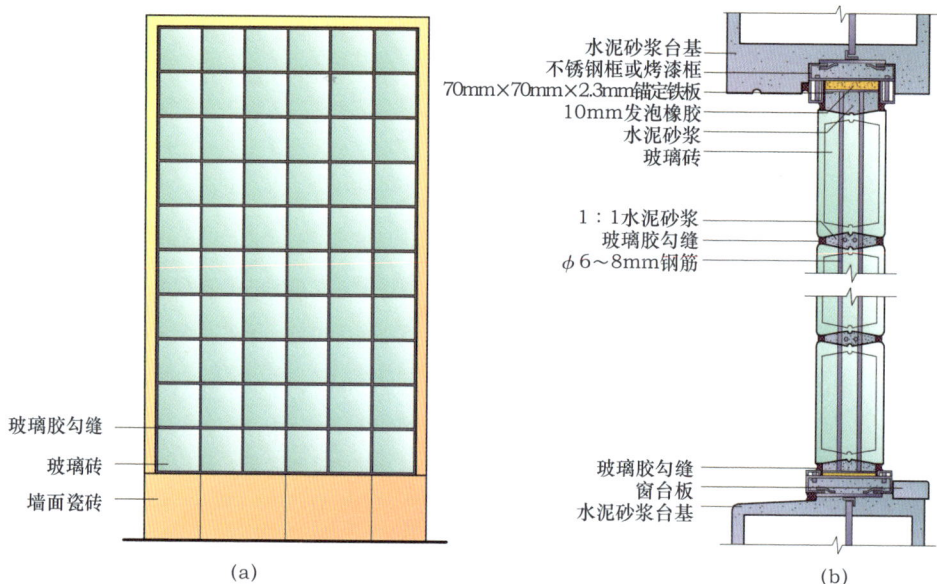

图 4-49　玻璃砖砌筑构造
（a）正面图；（b）剖面图

2）施工要点。玻璃砖墙体施工时，环境温度应大于5℃。一般适宜的施工环境温度为5~30℃。温差比较大的地区，玻璃砖墙施工时需预留膨胀缝。玻璃砖墙宜以1.5m高为一个施工段，待下部施工段胶接材料达到承载要求后再进行上部施工。当玻璃砖墙面积过大或过小时，应在周边增加砖墙支撑。室外玻璃砖墙的钢筋骨架应与原有建筑结构牢固连接，墙基高度一般应不大于150mm，宽度应比玻璃砖厚20mm。玻璃砖隔墙的顶部和两端应该使用金属型材加固，槽口宽度要比砖厚10~18mm。当隔墙的长度或高度不小于1500mm时，砖间应该增设6~8mm钢筋，用于加强结构，玻璃砖墙的高度应不大于4000mm。玻璃砖隔墙两端与金属型材两翼应留有不小于4mm的滑动缝，缝内用弹性泡沫密封胶填充，玻璃砖隔墙与金属型材腹面应留有大于10mm的胀缝，以适应热胀冷缩。玻璃砖最上层砖应深入顶部金属型材槽口内10～25mm，以免玻璃砖因受刚性挤压而破碎。玻璃砖之间接缝宜为10～30mm。玻璃砖与外框型材，以及型材与建筑物的结合部，都应用弹性泡沫密封胶密封。玻璃砖应排列整齐、表面平整，用于嵌缝的密封胶应饱满密实（见图4-50）。

(a) 打开包装检查玻璃砖

(b) 户外玻璃砖需用钢筋做骨架

(c) 玻璃砖接缝处应采用塑料支架固定

(d) 室内玻璃砖砌筑可以预装再铺填水泥砂浆

(g) 独立的玻璃砖最好用砖块砌筑边框

(f) 玻璃砖与墙体之间缝隙用水泥砂浆填补

(e) 玻璃砖砌筑

图 4-50

平板玻璃厚度与用途

3~4mm厚的平板玻璃主要用于装饰画框表面。5~6mm厚的平板玻璃主要用于外墙窗户、门扇等小面积透光造型中。8mm厚的平板玻璃主要用于室内屏风等较大面积且有框架保护的造型上。10mm厚的平板玻璃可用于室内大面积隔断、栏板等构造。12mm厚的平板玻璃可用于地弹簧玻璃门与大面积隔断。15mm厚的平板玻璃一般需要定制，用于面积较大的地弹簧玻璃门或玻璃幕墙。

玻璃贴膜

玻璃贴膜是指粘贴在玻璃表面的聚酯基片（PET），它是一种耐久性强、坚固耐潮、耐高温、耐低温性均佳的塑料材料。

玻璃贴膜可阻隔透过普通玻璃的有害紫外线，延长室内物品的使用期。装贴于玻璃窗内侧的半透明或白昼单向透视膜既能让光线透入，窗外景观清晰可辨，又能遮挡他人窥视，保护私密空间。玻璃贴膜还可以防止自然灾害与人为破坏，构成一道隐形防护网，减少人身伤害，保护财产。玻璃贴膜使用方便，广泛应用于各种玻璃门窗、隔墙。玻璃贴膜花色品种繁多，价格低廉，一般为3~5元／m^2。

在玻璃贴膜安装后7天内，不能用水擦洗贴膜玻璃。在贴膜玻璃上不可用吸盘悬挂或粘贴任何物品。清洁时可以喷洒清洗液，用橡胶玻璃刮从上至下水平刮擦窗膜直至干燥，再用毛巾擦干玻璃膜边缘。

课后练习

1. 仔细比较各陶瓷砖之间的区别。

2. 考察各种公共空间的地面装修，分析麻面砖、仿古砖的运用特色。

3. 分析不同锦砖适应的装修风格。

4. 考察墙地砖装修构造以及施工，绘制详细剖面图。

5. 观察生活中的装修施工，举例说明钢化玻璃的多种用途。

6. 收集各种装饰玻璃的样本，仔细比较各自特色。

7. 绘制玻璃隔墙与玻璃砖砌筑构造详图。

第五章

壁纸织物

　　壁纸织物是装修后期的重要材料，除各种油漆涂料外，壁纸织物最能体现装修的质感、档次，因此成为现代装饰材料的重点。壁纸织物的生产原料多样，质地丰富，价格差距很大，选购时，不仅要根据审美喜好选择花纹色彩，还要注意识别质量，注重施工工艺。

第一节　壁纸

壁纸又称为墙纸、壁布，是裱糊室内墙面的装饰性纸张或布。现代壁纸的主要原料是选用树皮、化工合成的纸浆，经漂白后制作成原纸，再经不同工序深加工，如涂布、印刷、压纹或表面覆塑，最后经裁切、包装成品。壁纸属于绿色环保材料，不散发有损人体健康的物质。壁纸应用发源于欧洲，现今在北欧、日本、韩国等国家非常普及。

壁纸品种齐全，花色繁多，具有很强的装饰效果，能使环境空间更加温馨、和谐。壁纸应用范围较广，铺装基层材料可以为水泥、木材、乳胶漆等各种材质，易于与装修风格保持一致。壁纸维护保养方便，中高档壁纸具有防静电、不吸尘等优点，局部污染可用清水加少量洗涤剂清洗，易于清洁，并有较好的更新性能。壁纸具有一定的吸声、隔热、防霉、防菌功能，有较好的抗老化、防虫功能。

壁纸的铺装时间短，可以大大缩短工期，还具有防裂功能，铺装后能有效防止石膏板接缝、墙角缝开裂。此外，壁纸的日常使用与保养非常方便，可洗可擦。常用的塑料壁纸价格为30~150元/卷，每卷可铺装5m²左右，中高端产品的价格中还包含辅助材料与安装费用。

但是，壁纸的造价还是比乳胶漆要贵，施工水平与质量不容易控制，档次较低的产品环保性差，仍对装修环境产生污染。印刷工艺不高的壁纸时间长了会有褪色现象，尤其常受日光照射的部位特别明显，颜色较深的壁纸容易显露出接缝。

一、壁纸种类

壁纸种类特别丰富，以纸张为基材可以作出很多变化，这也是其他装饰材料所不能比拟的。现代壁纸主要分为以下几种：

1. 纸面壁纸

纸面壁纸是一种传统壁纸，直接在纸张表面上印制图案或压花，基层材料透气性好，能使墙体中的水分向外散发，不致引起变色、鼓泡等现象。如果在特殊耐热的纸张上直接压印花纹，壁纸能呈现出亚光、自然、舒适的质感。

纸面壁纸优点为价格便宜、环保、亲切，缺点是性能较差、不耐水、不便于清洗、容易破裂，不宜用在潮湿的卫生间、厨房等处。

2. 塑料壁纸

塑料壁纸是目前生产最多、销售量最大的壁纸，它是以优质木浆纸为基层，以聚氯乙烯（PVC）塑料为面层，经过印刷、压花、发泡等工序加工而成（见图5-1）。塑料壁纸具有一定的伸缩性、韧性、耐磨性、耐酸碱性，抗拉强度高，基层一般为80～150g／m²的纸张。

图5-1　塑料壁纸

塑料壁纸品种繁多，色泽丰富，图案变化多端，有仿木纹、石纹、锦缎纹、瓷砖纹、黏土砖纹等多种，在视觉上可以达到以假乱真的效果。塑料壁纸的种类主要分为普通壁纸、发泡壁纸、特种壁纸3种。普通壁纸是以80～100g／m²的纸张作基材，涂有100g／m²左右的PVC塑料，经印花、压花而成，这种壁纸适用面广，价格低廉，是目前最常用的壁纸产品。发泡壁纸是以100～150g／m²的纸张作基材，涂有300～400g／m²掺有发泡剂的PVC糊状树脂，经印花后再加热发泡而成，是一种具有装饰与吸声功能的壁纸，图案逼真，立体感强，装饰效果好。

3. 纺织壁纸

纺织壁纸是壁纸中的高级产品，主要是用丝、羊毛、棉、麻等纤维织成，质地柔和、透气性好（见图5-2）。

纺织壁纸分为锦缎壁纸、棉纺壁纸、化纤壁纸等3种。锦缎壁纸又称为锦缎墙布，缎面织有古雅精致的花纹，色泽绚丽多彩，质地柔软，铺装的技术性与工艺性要求很高，且价格较高。棉纺壁纸是将纯棉平布处理后，经印花、涂层制作而成，具有强度高、静电小、蠕变性小、无光、无味、吸声、花型繁

图5-2　纺织壁纸展示

多、色泽美观等特点，适用于抹灰墙面、混凝土墙面、石膏板墙面、木板墙面等多种基层铺装。化纤壁纸是以涤纶、腈纶、丙纶等化纤布为基材，经印花而成，其特点是无味、透气、防潮、耐磨、耐晒、强度高、不褪色、质感柔和，适于各种基层铺装。

由于纺织壁纸是一种新型、豪华装饰材料，因其价格不同而具有不同的规格、材质。纺织壁纸与其他壁纸之间的区别，主要是靠目测背衬材料的质地与厚度来识别。另外，还应注意有无抽丝、跳丝现象。

4. 天然壁纸

天然壁纸是一种用草、麻、木材、树叶等自然植物制成的壁纸，也有用珍贵树种、木材切成薄片制成的。天然壁纸风格古朴自然，素雅大方，生活气息浓厚，给人以返璞归真的感受（见图5-3和图5-4）。

图 5-3　天然壁纸（一）

图 5-4　天然壁纸（二）

天然壁纸透气性能较好，能将墙体与施工过程中的水分自然排到外部干燥，且不会留下任何痕迹，因此不容易卷边，也不会因为天气潮湿而发霉。天然壁纸所使用的染料一般是从鲜花与亚麻中提取，不容易褪色，色泽自然典雅，无反光感，具有较好的装饰效果。

5. 静电植绒壁纸

静电植绒壁纸是指采用静电植绒法将合成纤维短绒植于纸基上的新型壁纸，常用于点缀性极强的局部装饰。

静电植绒壁纸有丝绒的质感与手感，不反光，具有一定吸声效果，无气味,不褪色,具有植绒布的美感、消声、杀菌、耐磨等特性,完全环保、不掉色、密度均匀、手感好、花型、色彩丰富。但是,静电植绒壁纸具有不耐湿、不耐脏,不便擦洗等缺点,因此在安装及使用时需注意保洁。

6. 金属膜壁纸

金属膜壁纸是在纸基上涂布一层电化铝箔(如铝铜合金等)薄膜(仿金、银),再经压花制成的壁纸。金属膜壁纸具有不锈钢、黄金、白银、黄铜等金属的质感与光泽,装饰效果华贵、耐老化、耐擦洗、无毒、无味、不褪色。

金属膜壁纸繁富典雅、高贵华丽,通常用于面积较大的中西餐厅、酒店大堂等空间,一般只作局部点缀,尤其适用于墙面、柱面的墙裙以上部位铺装。金属膜壁纸构成的线条颇为粗犷奔放,整片用于墙面可能会造成平庸的效果,但是适当点缀能显露出装饰空间的炫目与前卫。铺装金属膜壁纸的部位应避免强光照射,否则会出现刺眼反光。

7. 玻璃纤维壁纸

玻璃纤维壁纸又称为玻璃纤维墙布,是以中碱玻璃纤维为基材,表面涂树脂、印花而成的新型壁纸。基材采用玻璃纤维制成,进行染色及挺括处理,形成彩色坯布,再加以乙酸乙酯、适量色浆印花,经切边、卷筒制成品(见图5-5和图5-6)。

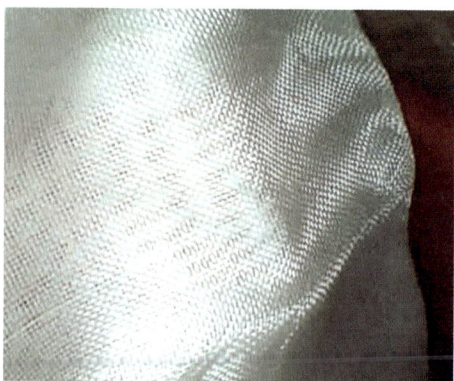

图 5-5 玻璃纤维壁纸基层

图 5-6 玻璃纤维壁纸

玻璃纤维壁纸属于织物壁纸中的一种,一般与涂料搭配使用,即在壁纸表面上涂装高档丝光乳胶漆,颜色可随涂料本身的色彩任意调配,并可在上面随意作画，加上壁纸本身的肌理效果，给人以粗犷质朴的感觉。此外，壁纸具有遮光性，颜色可以覆盖。壁纸具有轻微弹性，应避免壁纸受到撞击，否则容易出现凹陷。

8. 荧光壁纸

荧光壁纸是在纸面上镶有发光物质，能在夜间或弱光环境下发光。壁纸的发光原理有两种，一种是采用可蓄光的天然矿物质，在有光照的情况下，吸收光能并将其储存起来，当光线很暗时，它又将储存的部分光能自然释放出来，从而产生荧光效果。另一种是采用无纺布作为原料，经紫光灯照射后，产生出发光的效果，由于必须借助紫光灯，所以安装成本比较高。目前市场上的荧光壁纸多采用前一种发光原理，也就是用无机酸性化合物为颜料制作而成，在明亮中积蓄光能，暗淡后释放光能，熄灯后20min内能呈现出各种色彩、图案（见图5-7和图5-8）。

图 5-7　荧光壁纸

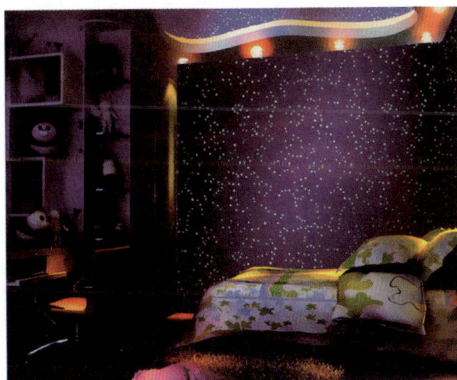

图 5-8　荧光壁纸铺贴

荧光壁纸的发光图案各不相同，有模仿星空的，也有卡通动画的，可以运用在家居空间或公共娱乐空间的墙壁上。

9. 液体壁纸

液体壁纸是一种新型的艺术装饰涂料，为液态桶装，通过专用模具，可以在墙面上做出风格各异的图案。液体壁纸主要取材于天然贝壳类生物的壳体表层，黏合剂也选用无毒、无害的有机胶体，是真正的天然、环保产品。

液体壁纸在施工时不使用建筑胶水、聚乙烯醇等配料，不含铅、汞等重金属以及醛类物质，因此无毒、无污染。由于是水性材料，液体壁纸的抗污性很强，同时具有良好的防潮、抗菌性能，不易发霉、老化。

液体壁纸不仅克服了乳胶漆色彩单一、无层次感及壁纸易变色、翘边、起泡、有接缝、寿命短等缺点，而且具备乳胶漆易施工、图案精美等特点，是集乳胶漆与壁纸的优点于一体的新型装饰材料。

二、壁纸应用

1. 壁纸用量

壁纸价格较高，尤其是购买大型花纹、图案壁纸进行装修，须认真计算壁纸的用量。多数壁纸产品都是按卷进行销售，常规壁纸宽度有520mm与750mm两种，此外还有特殊壁纸需另外计算。每卷壁纸的长度一般为10m或20m。

壁纸用量计算方法为：

（空间周长×空间高度－门窗、家具面积）÷每卷铺装的平米数×损耗率

一般标准壁纸每卷可铺装5.2m²，损耗率一般为3%～10%。损耗率的高低与壁纸的花纹大小、壁纸宽度有关，碎花浅色壁纸损耗率较低，为3%，大型图案壁纸损耗率较高，为10%。

2. 图案选择

壁纸图案特别丰富，经销商能提供各种壁纸样本供挑选，往往令人眼花缭乱，在选择壁纸图案时要根据实际功能来选择。

图 5-9　竖条纹壁纸

常见的壁纸图案一般包括竖条纹、图案、碎花纹3种类型。竖条纹壁纸能增加环境空间的高度，图案具有恒久与古典特性，是最常见的选择。竖条纹能将视线向上引导，会对空间的高度产生错觉，非常适合用在较矮的空间（见图5-9）。如果空间已经显得高大，可以选用宽度较大的条纹图案，因为它能将视线向左右延伸。图

案壁纸能降低空间的拘束感，鲜艳炫目的图案与花纹最抢眼，有些图案十分逼真、色彩浓烈，适合格局较为平淡无奇的空间（见图5-10），这种图案还应搭配欧式古典家具。碎花纹壁纸可以塑造既不夸张又不平淡的空间氛围，是最常见的选择，选择这种壁纸能获得最安全的视觉效果（图5-11）。

图5-10　图案壁纸

图5-11　碎花壁纸

3. 色彩选择

背光空间不宜用偏蓝、偏紫等冷色，而应用偏黄、偏红或偏棕色的暖色壁纸，以免在冬季感觉过冷。而朝阳空间可选用偏冷的灰色调壁纸，但不宜用天蓝、湖蓝等冷色壁纸。开阔的空间宜选用清新淡雅的壁纸，餐厅、娱乐空间应采用橙黄色的壁纸，狭窄的空间则可以依据设计风格、个人喜好随意发挥。

一般而言，同一空间内不会将所有墙壁都铺装壁纸，壁纸与墙壁颜色应当搭配适宜。红色壁纸可以配白色、浅蓝色、米色墙面。粉红色壁纸可以配紫红色、白色、米色、浅褐色、浅蓝色墙面。橘红色壁纸可以配白色、浅蓝色墙面。米黄色壁纸可以配浅蓝色、白色、浅褐色墙面。褐色壁纸可以配米黄色、鹅黄色墙面。绿色壁纸可以配白色、米色、深紫色、浅褐色墙面。蓝色壁纸可以配白色、浅蓝色、橄榄绿、黄色墙面。紫色壁纸可以配浅粉色、浅蓝色、黄绿色、白色、紫红色墙面。此外，壁纸的具体颜色还要根据空间环境、家具陈设的风格进行优化搭配。

三、壁纸选购识别方法

壁纸产品门类特别丰富，在选购时要注意识别产品质量，下面就以常见的塑料壁纸为例，介绍通用的识别方法。

识别塑料壁纸的质量关键在于拿捏厚度，底层壁纸经过多次褶皱后应不产生痕迹，壁纸的薄厚应当一致。平面的塑料壁纸整体厚度一般为3张普通复印纸的厚度。同时注意观察塑料壁纸表面是否存在色差、皱褶、气泡，壁纸的图案是否清晰，色彩是否均匀。

仔细闻一下壁纸的气味，如果有异味，则说明甲醛、氯乙烯等挥发性物质含量较高。还可以用打火机点燃壁纸一角，所散发的烟雾如果很刺鼻，则说明质量较差。此外，壁纸还应具备防火功能，离开火焰后，优质壁纸上的火焰应自动熄灭。经过燃烧后的优质壁纸应变成浅灰色粉末，而伪劣产品在燃烧时会产生刺鼻黑烟。

塑料壁纸表面覆有一层PVC膜，如果条件允许，可以用湿抹布或湿纸巾在壁纸表面反复擦拭，优质产品应不浸水、不褪色。还可以从侧面用指甲剥揭壁纸，优质产品的表层与纸张应不分离。

四、壁纸施工

壁纸铺装是一种较高档次的墙面装饰施工，工艺复杂，成本较高，施工质量直接影响壁纸的装饰效果，应该严谨对待。

施工方法

壁纸铺贴构造见图5-12，其具体铺贴方法如下：首先，清理铺装基层表面，对墙面、顶面不平整的部位填补石膏粉腻子，并用240号砂纸将界面打磨平整。然后，对铺装基层表面作第一遍满刮腻子，修补细微凹陷部位，待干后采用360号砂纸打磨平整，

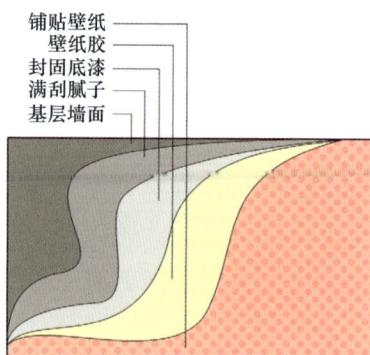

铺贴壁纸
壁纸胶
封固底漆
满刮腻子
基层墙面

图5-12　壁纸铺贴构造

满刮第2遍腻子，仍采用360号砂纸打磨平整，对壁纸铺装界面涂刷封固底漆，复补腻子磨平。接着，调配壁纸胶，在墙面上放线定位，展开壁纸检查花纹、对缝、裁切，设计粘贴方案，对壁纸、墙面涂刷专用壁纸胶，上墙对齐粘贴。最后，擀压壁纸中可能出现的气泡，严谨对花、拼缝，擦净多余壁纸胶，修整养护（见图5-13）。

壁纸施工应在相对湿度85%以下的环境中进行，温度不应有剧烈变化，要避免在潮湿季节或潮湿墙面上施工。基层必须清理干净、平整、光滑，墙面平整度要用2m长的水平尺检查，高低差应小于2mm。混凝土与抹灰基层面应清扫干净，将表面裂缝、凹陷等不平处用腻子找平后再满刮腻子，打磨平整，根据需要决定刮腻子的遍数。木质基层应刨平，无毛刺，无外露钉头、接缝。石膏板接缝用嵌缝腻子处理，并用防裂带贴牢，表面再刮腻子。封固底漆要使用与壁纸胶配套的产品，涂刷一遍即可，不能有遗漏。针对潮湿环境，为了防止壁纸受潮脱落，还可以涂刷一层防潮涂料。

铺装壁纸前要弹垂直线与水平线，拼缝时先对图案、后拼缝，使上下图案

(a) 墙面满涂封闭底漆

(b) 根据墙面实际情况裁切壁纸

(c) 调配好粘贴胶水并静置10分钟

(f) 使用刮板擀压壁纸中的气泡、褶皱

(e) 从上向下粘贴壁纸对齐花色纹理

(d) 将壁纸胶均匀滚涂到壁纸背面和墙面

图5-13 壁纸铺贴方法

吻合（见图5-14）。保证壁纸、壁布横平竖直、图案正确。塑料壁纸遇水后会膨胀，因此要用水润纸，使塑料壁纸充分膨胀。纤维壁纸、纺织壁纸遇水无伸缩，无须润纸。涂胶时应采用滚涂方式（见图5-15），最好采用壁纸涂胶器，涂胶会更均匀。铺装玻璃纤维壁纸与无纺壁纸时，背面不能刷胶黏剂，将胶黏剂刷在墙面基层上。铺装壁纸后，要及时擀压出周边的壁纸胶，不能留有气泡，铺装壁纸时溢流出的胶黏剂液，应随时用干净的毛巾擦干净，尤其是接缝处的胶痕要处理干净。

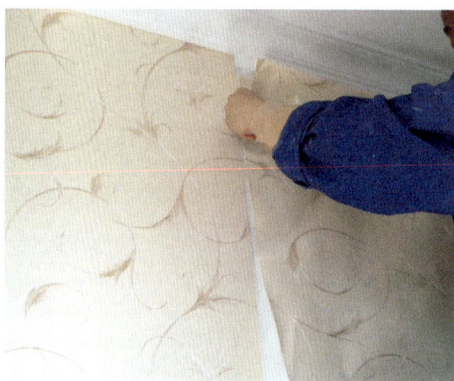

图 5-14　对缝铺贴

图 5-15　壁纸涂胶

补充要点

壁纸的污染

随着生活水平不断提高，壁纸材料得到了广泛应用，但壁纸暴露出来的环保问题也越来越多。根据国内生产的工艺特点，壁纸存在甲醛、重金属、氯乙烯等有害物质。

壁纸的污染主要来自壁纸本身释放出的挥发性有机化合物与壁纸胶黏剂，尤其是塑料壁纸可能残留铅、钡、氯乙烯等有害物质，胶黏剂中含有甲苯、二甲苯、甲醛等，这对人体健康造成威胁，因此，在面积不大的空间中要控制壁纸的用量。

壁纸保养维护

1. 常规保洁。壁纸墙面可以用吸尘器吸尘清洁，有污渍的部位可以将普通清洁剂稀释，注入喷雾器后喷洒在壁纸上，再用湿抹布擦拭。

2. 壁纸起泡。壁纸起泡主要是在铺装壁纸时涂胶不均匀，导致壁纸从墙体吸收过多水分，从而出现气泡。用针将壁纸气泡刺穿，再用针管抽取适量的胶黏剂注入针孔中，最后将壁纸重新压平、晾干。

3. 壁纸发霉。壁纸发霉一般发生在雨季或潮湿天气，由于墙体湿度过高而没有快速挥发导致发霉。如果发霉不太严重，可以用白色毛巾蘸取适量清水擦拭，或用肥皂水擦拭，也可以去壁纸专卖店购买专用除霉剂。

4. 壁纸翘边。壁纸翘边有可能是基层处理不干净、胶黏剂黏结力太低，或包阳角的壁纸边宽度小于20mm等原因，可以用壁纸的胶黏剂重新补贴。

第二节　地毯

地毯是以棉、麻、毛、丝、草等天然纤维或化学合成纤维为原料，经手工或机械工艺进行编结、裁绒或纺织而成的地面铺装材料。

地毯款式主要为卷毯与块毯两种。常见的化纤地毯、混纺地毯、无纺织纯毛地毯一般以卷材的形式生产、销售。每卷地毯长度10～30m，宽度为1.2～4.2m不等，销售时可以按米裁切计价，价格低廉，其中普通化纤地毯价格为15～25元／m²（见图5-16）。铺设这种地毯能使空间显得宽敞，更有整体感，但损坏更换不太方便。中高档纯毛地毯、混纺地毯一般以成品块状的形式生产、销售。块状地毯铺设方便而灵活，位置可随时变动，对于磨损严重的地毯可以随时调换，从而延长了地毯的使用寿命，达到既经济又美观的目的（见图5-17）。高档纯毛地毯还有成套产品，每套由多块形状、规格不同的地毯组成。

此外，花式方块地毯可以拼成不同的图案，小块地毯可以划分功能区，如

图 5-16　卷毯

图 5-17　块毯

门前地毯（见图5-18）、床前地毯、过道地毯等都比较常见。块毯价格相对较高，其中纯毛地毯价格为300～1000元／m²，甚至更高。

图 5-18　门前地毯

一、地毯种类

1. 纯毛地毯

纯羊毛地毯主要原料为粗绵羊毛，毛质细密，弹性较好，受压后能很快恢复原状，它采用天然纤维，不带静电，不易吸尘土，还具有一定阻燃性。纯毛地毯具有图案精美、色泽典雅，不易老化、褪色，具有吸声、保暖、脚感舒适等特点，它属于高档地面装饰材料（见图5-19和图5-20）。

纯毛地毯分为手工编织与机织地毯两种。手工编织多采用优质绵羊毛纺纱，经过染色后织成图案，再以专用机械平整毯面，最后洗出丝光。手工编织纯毛地毯具有图案优美、富丽堂皇、质地厚实、柔软舒适、保温隔热、吸声隔声等特点。机织纯毛地毯具有毯面平整、光泽好、富有弹性、抗磨耐用等特点，其性能与纯毛手工地毯相似，但价格远低于手工地毯。其弹性、抗静电、抗老化等都优于化纤地毯。

纯毛地毯优点甚多，但是它属于天然材料产品，抗潮湿性相对较差，而且

图 5-19　纯毛地毯

图 5-20　纯毛地毯铺装

容易发霉、虫蛀，影响地毯外观，缩短使用寿命。

2. 混纺地毯

混纺地毯是以纯毛纤维与各种合成纤维混纺而成的地毯，因掺有合成纤维，所以价格较低，使用性能有所提高。例如，在羊毛纤维中加入20%的尼龙纤维混纺后，可使地毯的耐磨性提高5倍，混纺地毯在图案花色、质地、手感等方面却与纯毛地毯相差无几，装饰性能不亚于纯毛地毯，并且价格比纯毛地毯便宜（见图5-21和图5-22）。

混纺地毯的品种极多，常以毛纤维与其他合成纤维混纺制成。例如，80%的羊毛纤维与20%的尼龙纤维混纺，或70%的羊毛纤维与30%的烯丙酸纤维混纺。混纺地毯价格适中，同时还克服了纯毛地毯不耐虫蛀和易腐蚀等缺点，在弹性与舒适度上又优于化纤地毯。

图 5-21　混纺地毯

图 5-22　混纺地毯铺装

混纺地毯的性价比最高，色彩及样式繁多，既耐磨又柔软，在室内空间可以大面积铺设，如高档餐厅、酒店客房、家居卧室、娱乐空间等，但是日常维护比较麻烦。

3. 化纤地毯

化纤地毯的出现是为了弥补纯毛地毯价格高、易磨损的缺陷。化纤地毯一般由面层、防松层、背衬3部分组成。面层以中、长簇绒纤维制作。防松层以氯乙烯共聚乳液为基料，添加增塑剂、增稠剂、填充料，以增强绒面纤维的固着力。背衬是用黏结剂与麻布胶合而成（见图5-23～图5-25）。

化纤地毯的种类较多，主要有尼龙、锦纶、腈纶、丙纶、涤纶地毯等。化纤地毯中的锦纶地毯耐磨性好，易清洗、不腐蚀、不虫蛀、不霉变，但易变形，易产生静电，遇火会局部熔解。腈纶地毯柔软、保暖、弹性好，在低伸长范围内的弹性恢复力接近羊毛，比羊毛质轻，不霉变、不腐蚀、不虫蛀，缺点是耐磨性差。丙纶地毯质轻、弹性好、强度高，原料丰富，生产成本低。涤纶地毯耐磨性仅次于锦纶，耐热、耐晒、不霉变、不虫蛀，但染色困难。

化纤地毯相对纯毛地毯而言，比较粗糙，质地硬，一般用在走道、办公空间、商业空间等，价格很低，尤

图 5-23　化纤地毯

图 5-24　化纤地毯铺装

图 5-25　化纤地毯楼梯铺装

其放在办公桌下，能减小转椅滑轮与地面的摩擦。

4. 剑麻地毯

剑麻地毯属于植物纤维地毯，以剑麻纤维为原料，经纺纱编织、涂胶及硫化等工序制成，产品分素色与染色两种，有斜纹、鱼骨纹、帆布平纹等多种花色（见图5-26和图5-27）。

图 5-26 剑麻地毯样式

图 5-27 剑麻地毯质地

剑麻地毯纤维是从龙舌兰植物叶片中抽取，有易纺织，色泽洁白，质地坚韧，强度高，耐酸碱，耐腐蚀，不易打滑等特点。剑麻地毯是一种全天然的产品，它含水分，可随环境变化而吸湿或放出水分来调节环境及空气湿度。剑麻地毯还具有节能、可降解、防虫蛀、阻燃、防静电、高弹性、吸声、隔热、耐磨损等优点。

剑麻地毯与羊毛地毯相比更为经济实用，但是，剑麻地毯的弹性与其他地毯相比，就要略逊一筹，手感也较为粗糙。剑麻地毯在使用中要避免与明火接触，否则容易燃烧。

二、地毯应用

环境空间的装修风格直接影响地毯的选用，或是欧式风格（见图5-28）、或是中式风格，或是古典风格、或是现代风格（见图5-29），这一切决定了地毯的类别、档次、色泽、图案等选购因素，选用具有一定风格的地毯才能使装修达

图 5-28　欧式风格地毯

图 5-29　现代风格地毯

到尽善尽美、锦上添花的效果。

环境空间由多个不同区域组成，如走道、会客室、展厅等，由于这些区域的功能不同，也造成使用方式不同。或静或闹、或冷或暖，为了适应不同区域的特殊性，各区的地毯选择应既有所区别，又相呼应。

纯毛地毯价格较高，一般选用面积较小的块毯铺设在空间局部，如床边、沙发边，每间房配置1块即可。混纺地毯性价比较高，可以选购面积较大的块毯铺设在中西餐厅、KTV包房地面，如餐桌、茶几下面。化纤地毯价格低廉，可以大面积铺装在办公区、健身房、棋牌室等房间，可以满铺，但是不宜铺装在卧室、客房。化纤地毯、剑麻地毯可以铺设在门厅、走道、卫生间的出入口处，用于吸收鞋底灰尘、水分。

三、地毯选购识别方法

地毯产品的原料品种较多，选购时，主要观察地毯的绒头密度（见图5-30），可以用手去触摸地毯，产品的绒头质量高，毯面的密度就丰满，这样的地毯弹性好、耐踩踏、耐磨损、舒适耐用，注意观察毯背是否有脱衬、渗胶等现象（见图5-31）。

地毯毛绒的软硬与地毯质量无关，主要质量差异在于毛绒与基层毯之间的衔接力度，优质产品衔接很紧密，绒头不易倒塌、变形、折断，相反，伪劣产品非常松散。

图 5-30　观察密度

图 5-31　观察背面

四、地毯施工

地毯有块毯与卷毯两种形式，块毯铺设简单，将其放置在合适的位置压平即可，而卷毯一般采用卡条固定，适用于各种场所，下面主要介绍卷毯的施工方法与要点。

1. 施工方法

首先，在铺装地毯前必须进行实地测量，观察墙脚是否规整，准确记录各角角度。接着，根据计算好的下料尺寸在地毯背面弹线、裁切，并安装好踢脚线，踢脚线下沿至地面间隙应比地毯厚度大2～3mm。接着，安装边缘应倒刺板，接缝处应用胶带粘贴在两块地毯背面，要先将接缝处不齐的绒毛修齐，直至表面看不出接缝痕迹为佳。当地毯铺设后，用撑子将地毯拉紧、张平，挂在倒刺板上。最后，裁割地毯时应沿地毯经纱裁割，只割断纬纱，不割经纱，对于有背衬的地毯，应从正面分开绒毛，找出经纱、纬纱后再裁切。

2. 施工要点

地毯与配套材料等进场后应检查核对数量、品种、规格、颜色、图案等是否符合设计要求，如符合应按其品种、规格分别存放在干燥的环境中。铺设地毯的基层一般为水泥地面，也可以是木地板或其他材质地面，要求表面平整、光滑、洁净，如有油污，须用丙酮或松节油擦净。如为水泥地面，应具有一定的强度，表面平整偏差应不大于4mm。地毯裁剪前一定要精确测量空间尺寸，每段地毯的长度要比实际测量尺寸长50mm左右，宽度要以裁去地毯边缘线后的尺寸计算。弹线裁去边缘部分，然后从毯背裁切，裁好后卷成卷并编上号，放入对号部位。

钉倒刺板挂毯条应沿房间或走道四周踢脚板边缘，用高强水泥钉将倒刺板钉在地面基层上，钉朝向墙的方向，其间距约300mm，倒刺板应距离踢脚板面8～10mm，以便于钉牢倒刺板。拉伸与固定地毯时，先将地毯长边固定在倒刺板上，毛边掩到踢脚板下。用地毯撑子拉伸地毯，从一边推向另一边，如一遍未能拉平，应重复拉伸，直至拉平为止。然后将地毯固定在另一条倒刺板上，掩好毛边。多出的地毯应裁切掉，直至四个边都固定在倒刺板上（见图5-32～图5-35）。

地毯铺装完毕后要对细部进行清理，要注意门口压条、门框、管道、暖气罩、槽盒、门槛、楼梯踏步、过道平台等部位的地毯套割、固定、掩边操作。

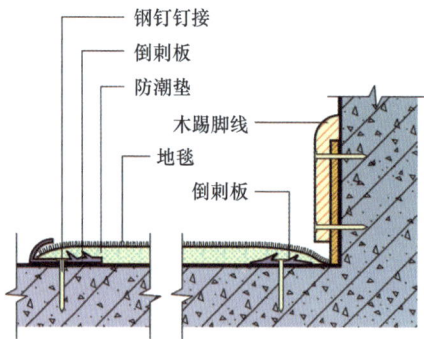

图 5-32　卷毯铺装构造

图 5-33　预先放线定位

图 5-34　铺装时注意对齐花纹

图 5-35　楼梯铺设地毯时要粘贴牢固

地毯去污方法

墨水渍可用柠檬酸擦拭并用水清洗。咖啡、可乐、茶渍可用甘油清除。水果汁可用冷水加少量稀氨水溶液清除。油漆污渍可用汽油与洗衣粉一起调成粥状涂到油漆处，24h后用温水清洗后再用干毛巾将水分吸干。口香糖可以用冰块压覆在其上方，待凝固后用刷子拔除。地毯上的绒毛、纸屑、米粒等轻质物质，可用宽胶带将局部碎渣清除。

第三节　窗帘

窗帘是用布、竹、苇、麻、纱、塑料、金属等材料制作的遮蔽窗户或调节室内光照的帘子。窗帘的主要作用是与外界隔绝，保持环境空间的私密性。现代窗帘既可以减光、遮光，以适应人对光线不同强度的需求，又可以防风、除尘、隔热、保暖、消声、防辐射，改善环境空间（见图5-36）。

图 5-36　窗帘

一、窗帘种类

1. 百叶窗帘

百叶窗帘有水平式与垂直式两种，水平式百叶窗帘由横向板条组成，只要稍微改变一下板条的旋转角度，就能改变采光与通风。

水平式百叶窗帘的特点是当转动调光棒时能使帘片转动，能随意调整室内光线，拉动升降拉绳能使窗帘升降并停留在任意位置（见图5-37）。垂直式百叶窗帘的特点是帘片垂直、平整、间隔均匀、线条整洁明快，装饰效果极佳，其中布艺垂直式百叶窗帘还具有防潮、防水、防腐等特点（见图5-38）。此外，还有竹制百叶窗帘。竹帘有良好的采光效果，纹理清晰、色泽自然，使人感觉回归自然。

图 5-37　水平式百叶窗帘

图 5-38　垂直式百叶窗帘

百叶窗帘的条带宽有80mm、90mm、100mm、120mm等多种。不同材质的百叶窗帘需用在不同的空间内。例如，木质与竹制百叶窗帘适合用于家居空间，铝合金质或钢制的适宜用于公共空间。常见的塑料百叶窗帘价格低廉，为$60 \sim 80$元／m^2，金属与木质百叶窗帘价格较高，为$150 \sim 250$元／m^2。

2. 卷筒窗帘

卷帘具有外表美观简洁，结构牢固耐用等诸多优点，当卷帘面料放下时，能让室内光线柔和，免受直射阳光的困扰，达到很好的遮阳效果，当卷帘升起时它的体积又非常小，不易被察觉（见图5-39）。

卷帘的形式多样，主要分为弹簧式、电动收放式、珠链拉动式等3种。弹簧式卷帘最常见，结构紧凑，操作灵活（见图5-40）。电动收放式卷帘只需拨动电源开关，操作简便，工作安静平稳，根据帘布的尺寸重量可选用不同规格的电动机，可用一个电动机拖多副卷帘，电动卷帘适用于大型空间。珠链拉动式卷帘是一种单向控制运动的机械窗帘，只要拉动珠链传动装置，帘布便会上升或下降，动作平滑稳定。

卷筒窗帘使用的帘布可以是半透明或乳白色及有花饰图案的编织物。具体

图 5-39 卷筒窗帘

图 5-40 卷筒窗帘卷轴局部

又分为半透光性面料、半遮光性面料、全遮光性面料。卷帘的规格可以根据需求定制，弹簧式卷帘以4m²以内为宜，电动式卷帘的宽度可达2.5m，高度可达20m，珠链拉动式卷帘高度一般为3～5m。常见的弹簧式卷帘价格较低，为50～80元／m²。

3. 折叠窗帘

折叠窗帘的机械构造与卷筒式窗帘类似，第一次拉动即下降，所不同的是第二次拉动时，窗帘并不像卷筒式窗帘那样完全缩进卷筒内，而是从下面一段段打褶升上来，褶折幅度与间距要根据面料的质感来确定（见图5-41）。

折叠窗帘使用的面料特别丰富，规格可根据需求定制，每个单元的宽度宜≤1.5m。中档折叠窗帘价格为

图 5-41 折叠窗帘

100～150元／m²。折叠窗帘应根据使用程度，定期更换窗帘拉绳，避免拉绳与窗帘发生缠绕，窗帘全部上升到位以后，仍会有一部分遮住窗户。

4. 垂挂窗帘

垂挂窗帘的构造最复杂，由窗帘轨道、装饰挂帘杆、窗帘箱或帘楣幔、窗帘、吊件、窗帘缨（扎帘带）、配饰五金件等组成（见图5-42）。垂挂窗帘除

图 5-42 垂挂窗帘

了不同的类型选用不同织物与式样以外，以前比较注重窗帘盒的设计，但是现在已逐渐被无窗帘盒的套管式窗帘所替代。此外，用窗帘缨束围成的帷幕形式也成为一种流行的装饰手法。

垂挂窗帘主要用于家居空间、中西餐厅、酒店大堂、客房等私密、温馨的空间里。垂挂窗帘的规格可根据需求定制裁剪，中档垂挂窗帘价格为200～300元／㎡。

二、窗帘应用

1. 质地选用

选择窗帘应当考虑装修的整体效果。薄型织物如薄棉布、尼龙绸（见图5-43）、薄罗纱、网眼布等制作的窗帘，不仅能透过部分自然光线，同时又能令人在白天有隐秘感与安全感。由于这类织物具有质地柔软、轻薄等特点，因此悬挂效果较好。选购厚型窗帘时，宜选择诸如灯芯绒、呢绒、金丝绒（见图5-44）、毛麻织物等材料制作。

图 5-43 尼龙绸窗帘

图 5-44 金丝绒窗帘

2. 花色图案

窗帘织物的花色应与环境空间相协调，根据所在地区的环境与季节来权衡确定。夏季宜选用冷色调织物，冬季宜选用暖色调织物，春秋两季则应选择中性色调织物。从空间整体协调的角度上来看，应考虑与墙体、家具、地板等的色调保持协调（见图5-45）。如果家具颜色较深，就应选用浅色窗帘，以免过深的颜色令人产生压抑感。

图 5-45　窗帘颜色搭配

3. 样式尺寸

对于面积较小的空间，窗帘应以比较简洁的式样为佳，以免使空间因为窗帘的繁杂而显得更为窄小。对于面积较大的房间，则宜采用大方、气派、精致的式样。窗帘的宽度尺寸一般以两侧比窗户各宽出100mm左右为宜，底部应视窗帘式样而定，短式窗帘也应长于窗台底线150mm左右，落地窗帘一般应距地面50mm。

垂挂窗帘都带有褶皱，这需要按窗户的实际宽度将窗帘布料以一定比例加宽。褶皱之后的窗帘更能彰显其飘逸、灵动的效果。窗户宽度的1.5倍为平褶皱，窗户宽度的2倍为波浪褶皱（见图5-46）。

图 5-46　窗帘褶皱

4. 颜色搭配

窗帘色彩丰富，选择起来往往令人不知所措。如果窗帘颜色过于深沉，时间久了就会使人心情抑郁。颜色太鲜亮时间久了又会造成视觉疲劳，使人心情烦躁。一般可以选择浅绿、淡蓝等自然、清新的颜色，能使人心情愉悦。此外，容易失眠的人可以尝试选用红、黑搭配的窗帘，有助于尽快入眠。

色调图案均明快的窗帘，具有热情好客之感，如果加以网状窗纱点缀，更会增强空间层次。餐厅选用黄色、橙色窗帘能增进食欲，白色则有清洁之感。办公室窗帘应以中性偏冷色调为主，以淡绿、墨绿色、浅蓝色为佳。卧室、客房则应选择色调平稳的窗帘，如浅棕色、棕红色的家具可搭配蓝绿、米黄、橘黄色窗帘，白色家具可配浅咖啡、浅蓝、米色窗帘。此外，还可以选择同色系的双色窗帘，更显空间层次（见图5-47）。

图5-47　双色窗帘

三、窗帘选购识别方法

布艺窗帘是目前窗帘市场的主角，其价格与织物的质地有关，棉花、亚麻、丝绸、羊毛质地的产品价格较高，带有团花、碎花图案的布艺窗帘最受欢迎。不过这些质地的织物有一定的缩水率，购买时尺寸要松一些，一般缩水率为5%左右。人造纤维、合成纤维质地的窗帘，由于耐缩水、耐褪色、抗皱等方面优于棉麻织物，适于阳光日照较强的房间。现代许多织物都是将天然纤维与人造纤维或合成纤维进行混纺，兼具两者之长。

选购窗帘时要注意面料质量。首先，仔细闻一下窗帘的气味，如果面料散发出刺鼻的异味，就说明可能有甲醛等有害物质残留，最好不要购买。然后，在挑选窗帘颜色时，以选购浅色调为宜，这样甲醛、染色牢度超标的风险会小些。接着，关注面料品质，可以用手拉扯一下窗帘面料，不能出现开裂、脱落等情况（见图5-48）。最后，检查配件，各种配件应无毛刺、锈迹。

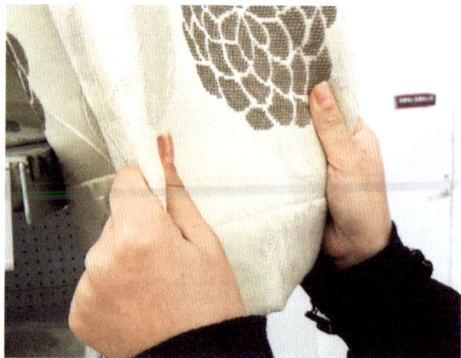

图5-48　拉扯窗帘

窗帘维护保养方法

新购置的窗帘使用1～2个月后应当进行清洗，在清水中充分浸泡、水洗，以减少残留在织物上的甲醛。水洗以后最好将窗帘布放在室外通风处晾晒。

1. 布料窗帘。绒布窗帘的吸尘力较强，换下后抖下灰尘再放入含有清洁剂的水中浸泡15min。绒布窗帘不宜用洗衣机清洗，可用手轻压滤水。洗净之后不要用力拧，使水自动滴干蒸发即可。棉麻布窗帘可以直接放入洗衣机中清洗，洗衣粉加少许衣物柔顺剂，可以使棉麻布窗帘洗后更加柔顺。

2. 百叶窗帘与卷帘。百叶窗帘可以直接清洗。在百叶窗帘上喷洒适量清水，用抹布擦干即可。百叶窗帘的拉绳可以用蘸有清洗剂的湿抹布清洗。卷帘可以直接蘸洗涤剂清洗，特别注意卷帘四周容易吸附灰尘的位置，可用软刷去除灰尘，再用清水擦拭清洗。

课后练习

1. 比较各类壁纸，并绘制表格来分析壁纸的特性与应用。

2. 收集5种壁纸的小块样本，熟记品种名称与质地特征。

3. 深入考察窗帘市场，编写一份窗帘调查报告，考察视角、主题自定。

4. 考察粘贴壁纸装修构造，分析列举壁纸施工要点。

5. 考察铺装地毯的楼梯，绘制详细剖面图。

6. 分析比较各类窗帘，并根据不同壁纸特性列举选购方法。

第六章

油漆涂料

　　油漆涂料是指能牢固覆盖在装修材料表面的混合材料，是能形成黏附能力且具有一定强度与连续性的固态薄膜，能对装修材料起保护、装饰、标志作用。油漆与涂料的概念并无明显区别，只是油漆多指以有机溶剂为介质的油性漆，或是某种产品的习惯名称。现代装修中运用的油漆涂料品种繁多，一般以专材专用的原则选用。

第一节　填料

填料又称为填泥，是平整墙体、装饰构造表面的一种凝固材料，是油漆涂料施工前必不可少的材料。填料腻子一般涂装于底漆表面或直接涂装在装饰构造表面，既能用来平整涂装表面高低不平的缺陷，又能在表面作全部刮涂。

一、石灰粉

石灰粉属于传统无机胶凝材料。石灰粉分为生石灰粉与熟石灰粉，生石灰粉可以用于防潮、消毒，可撒在实木地板的铺设地面，或加水调和成石灰水涂刷在庭院树木的茎秆上，有防虫、杀虫的效果。熟石灰粉主要用于砌筑构造的中层或表层抹灰，在此基础上再涂刮专用腻子与油漆涂料，其表层材料的吸附性会更好。

石灰粉的包装规格一般为0.5～50kg／袋，可以根据实际用量来选购，价格为2～3元／kg。在墙体、构造表面涂刮石灰砂浆时，不宜单独使用熟石灰粉，一般还要掺入砂、纸筋、麻丝等材料，以减少收缩，增加抗拉强度，并能节约熟石灰的用量。

二、石膏粉

石膏粉又称为生石膏。它具有凝结速度比较快、硬化后具有膨胀性、凝结硬化后孔隙率大、防火性能好、可调节室内温度、湿度等特点，同时具备保湿、隔热、吸声、耐水、抗渗、抗冻等功能。

现代装修所用的石膏粉多为改良产品，在传统石膏粉中加入了增稠剂、促凝剂的添加剂，使石膏粉与基层墙体、构造结合更完美。石膏粉主要用于修补石膏板吊顶、隔墙填缝，刮平墙面上的线槽，刮平未批过石灰的水泥墙面、墙面裂缝等，能使表面具有防开裂、固化快、硬度高、易施工等特点。

品牌石膏粉的包装规格一般为每袋5～50kg，可以根据实际用量来选购，其中包装为20kg的品牌石膏粉价格为50～60元／袋，散装普通生石膏粉价格为价格为2~3元／kg。

三、腻子粉

腻子粉是指在油漆涂料施工之前，对施工界面进行预处理的一种成品填充材料，主要目的是填充施工界面的孔隙并矫正施工面的平整度，为获得均匀、平滑的施工界面打好基础。

腻子粉不耐水，适用于北方干燥地区。如果用于要求耐水、高黏结强度的地区，还要加入水泥、有机胶粉、保水剂等配料。一般多将腻子粉加清水搅拌调和，即可得到能立即用于施工的成品腻子，又称为水性腻子，在施工现场兑水即用，操作方便，工艺简单。此外，对于彩色墙面，可以采用彩色腻子，即在成品腻子中加入矿物颜料，如铁红、炭黑、铬黄等。

腻子粉的品种十分丰富，知名品牌腻子粉的包装规格一般为20kg／袋，价格为50~60元／袋。其他产品的包装一般为5~25kg／袋不等，可以根据实际用量来选购，其中包装为15kg的腻子粉价格为15~30元／袋。

四、原子灰

原子灰是一种不饱和聚酯树脂腻子，具有易刮涂、常温快干、易打磨、附着力强、耐高温、配套性好等优点，是各种底材表面填充的理想材料。

原子灰的作用与上述腻子粉一致，只不过腻子粉主要用于墙顶面乳胶漆、壁纸的基层施工，而原子灰主要用于金属、木材表面刮涂，或与各种底漆、面漆配套使用，是各种厚漆、清漆、硝基漆涂刷的基层材料。原子灰的品种十分丰富，知名品牌原子灰的包装规格一般为3~5kg／罐，价格为20~50元／罐，可以根据实际用量来选购。

填料识别选购方法

打开包装仔细闻填料的气味，优质产品无任何气味，而有异味的一般为伪劣产品。用手拿捏一些腻子粉，感受其干燥程度，优质产品应当特别细腻、干燥，在手中有轻微的灼热感，而冰凉的腻子粉则大多受潮。

仔细阅读包装说明，部分产品的包装说明上要求加入建筑胶水或白乳胶，则说明这并不是真正的成品填料。有的产品虽然没有提出添加额外材料的要求，但是经销商却建议另购一些辅助材料添加进去，这也说明产品质量不完善。

第二节　普通涂料

普通涂料是装修中常用的材料，主要用于各种家具、构造、墙面、顶面等界面涂装，种类繁多，选购时要认清产品的性质。

一、清油

清油又称为熟油、调漆油（见图6-1）。清油一般用于调制厚漆与防锈漆，也可以单独使用，主要用作木制家具、构造的底漆，能有效地保护木质装饰构造不受污染。清油主要善于表现木材纹理，而硬木纹理大多比较美观，因此清油大多使用在硬木上，尤其是需要透木纹的面板上，这也是与混油的明显区别。

图6-1　清油

清油的品种单一，常用包装规格为每桶0.5～18kg不等，常用1kg包装产品价格为10～15元／罐。在施工时，清油可以直接涂刷在干净、光滑的木质构造表面，涂刷2～3遍即可。

二、清漆

清漆又称为凡立水，是一种不含着色物质的涂料，也称透明漆。清漆涂在装饰构造表面，干燥后形成光滑薄膜，能充分显露出原有的纹理、色泽（见图6-2）。常用清漆有以下几种：

图 6-2　清漆涂刷效果

1. 酯胶清漆

酯胶清漆又称为耐水清漆，耐水性好，但光泽不持久，干燥性差。酯胶清漆主要用于木材表面涂装，也可以作金属表面罩光。

2. 虫胶清漆

虫胶清漆又名泡立水、酒精凡立水。虫胶清漆干燥快，可使木纹更清晰。缺点是耐水性、耐候性差，受日光暴晒会失去光泽，热水浸烫会泛白，专用于木器表面装饰与保护涂层。

3. 酚醛清漆

酚醛清漆又称为永明漆。干燥较快，漆膜坚韧耐久，光泽好，耐热、耐水、耐弱酸碱，缺点是漆膜易泛黄、较脆。用于涂饰木器表面，或涂在油性色漆上罩光。

4. 醇酸清漆

醇酸清漆又称为三宝漆（见图6-3）。醇酸清漆干燥快，硬度高，

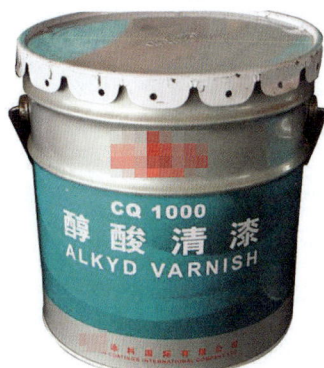

图 6-3　醇酸清漆

可抛光打磨，色泽光亮，耐热，但膜脆、抗大气性较差，主要用于室内外金属、木材表面涂装及醇酸磁漆罩光。

5. 硝基清漆

硝基清漆又称清喷漆、腊克（见图6-4）。硝基清漆的光泽、耐久性良好，用于木材及金属表面涂装，也可作硝基漆外用罩光。

6. 丙烯酸清漆

丙烯酸清漆耐候性、耐热性及附着力良好，用于涂饰各种木质材料表面（见图6-5）。

7. 聚酯清漆

聚酯清漆具有快干、漆膜光亮等特点，用于涂饰木材面，也可作金属面罩光（见图6-6）。

8. 氟碳清漆

氟碳清漆具有超耐候性与耐持久性等优异性能，可用于多种涂层与基材的罩面保护（见图6-7）。清漆主要用于家具、地板、门窗等装修构造的表面涂装，也可以加入颜料制成磁漆，或加入染料制成有色清漆。传统清漆价格低廉，常用包装为0.5～10kg／桶，其中2.5kg包装产品价格为50～60元／桶，需要额外购置稀释剂调和使用。现代清漆多用套装产品，1组包装内包括漆2kg、固化剂1kg、稀释剂2kg 3种，价格为200～300元／组，每组可涂刷15～25m^2。

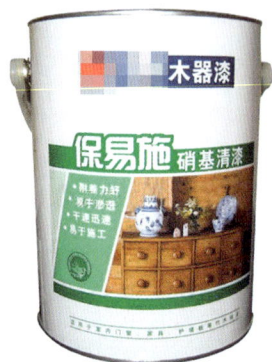

图 6-4　硝基清漆

图 6-5　丙烯酸清漆

图 6-6　聚酯清漆

选购时，由于清漆为密封包装，从外部很难看出产品质量，可以先购买小包装产品，用于装修中的次要界面涂刷，如果涂刷流畅，结膜性好则说明质量不错。此外，可以将清漆的包装桶提起来晃动，如果有较大的液体撞击声，则说明包装严重不足，缺斤少两或黏稠度过低，而正宗优质产品几乎听不到声音。

图 6-7　氟碳漆

三、厚漆

厚漆又称为混油，是采用颜料与干性油混合研磨而成的油漆产品，需要加清油溶剂搅拌后才可使用。这种漆遮覆力强，可以覆盖木质纹理，经常用于涂刷面漆前的打底，也可以单独用作面层涂刷，但是漆膜柔软，坚硬性较差，适用于对外观要求不高的木质材料打底漆与镀锌管接头的填充材料（见图6-8）。厚漆色彩种类单一，主要用于木质家具、构造的表面涂装，能完全遮盖木质纹理，给木质构造重新定义色彩。常用厚漆有以下种类：

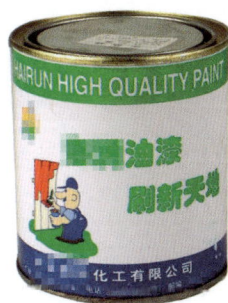

图 6-8　厚漆

1. 醇酸厚漆

传统厚漆为醇酸厚漆，价格低廉，常用包装为0.5～10kg／桶，其中2.5kg包装产品价格为50～60元／桶，需要额外购置稀释剂调和使用。现代厚漆多用套装产品，1组包装内包括漆2kg、固化剂1kg、稀释剂2kg 3种包装，价格为200～300元／组，每组可涂刷15～20m^2。

2. 硝基厚漆

硝基厚漆涂膜干燥快，平整光滑，耐候性好，但耐磨性差，适用于室内外金属与木质表面的涂刷。硝基厚漆主要用于木器及家具、金属、水泥等界面。优点是装饰效果较好，不氧化发黄，尤其是白色硝基漆质地细腻、平整，干燥迅速（见图6-9和图6-10）。缺点是固含量较低，需要较多的施工遍数才能达到较好的效果。硝基厚漆常用包装为0.5~10kg／桶，其中3kg包装产品价格为70~80元／桶，需要额外购置稀释剂调和使用。

图 6-9　硝基漆涂装

图 6-10　硝基漆色板

3. 聚酯厚漆

聚酯厚漆也叫不饱和聚酯漆（见图6-11）。聚酯漆的漆膜丰满，层厚面硬。聚酯漆的优点很多，不仅色彩十分丰富，而且漆膜厚度大，喷涂两三遍即可，并能完全把基层的材料覆盖，所以做家具在密度板上直接刷聚酯漆就可以了，对基层材料的要求并不高。聚酯漆的漆膜综合性能优异，因为有固化剂的使用，使漆膜的硬度更高，丰富度更高，耐湿热、干热、酸、碱、油溶剂及多种化学药品，并且绝缘性很高。

图 6-11　聚酯厚漆

4. 氟碳厚漆

氟碳厚漆又称氟碳漆、氟涂料、氟树脂涂料等（见图6-12）。在各种涂料之中，氟树脂涂料具有特别优越的各项性能。包括耐候性、耐热性、耐低温性、耐化学药品性等，而且具有独特的不粘性和低摩擦性。根据涂层、施工、环境的不同，氟碳厚漆在10~30年内失光、失色的范围在肉眼允许的误差范围内。

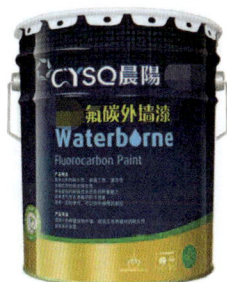

图 6-12　氟碳厚漆

氟碳厚漆用于涂刷家具可以免维护、自清洁—碳涂层有极低的表面能、表面灰尘可通过雨水自洁，极好的疏水性（最大吸水率小于5%）极度小的摩擦系数（0.15~0.17），不会粘尘结垢，防污性好。

四、水性木器漆

水性木器漆是以水作为稀释剂的漆，又称为水溶性漆。水性木器漆具有无毒环保、无气味、可挥发物极少、不燃不爆的高安全性、不黄变、涂刷面积大等优点（见图6-13）。当前水性木器漆品牌众多，按照主要成分的不同，分为以下三类：

图 6-13　水性木器漆涂装样本

1. 丙烯酸水性漆

丙烯酸水性木器漆的主要特点是附着力好，不会加深木器的颜色，但耐磨及抗化学性较差，漆膜硬度较软，丰满度较差，综合性能一般，施工易产生缺陷，其优点是价格便宜。

2. 聚氨酯水性漆

聚氨酯水性漆的综合性能优越，丰满度高，漆膜硬度强，耐磨性能甚至超过油性漆，在使用寿命、色彩调配等方面都有明显的优势，为水性漆中的高级产品。

3. 丙烯酸树脂与聚氨酯水性漆

这种产品除了秉承丙烯酸漆的特点外，又增加了耐磨及抗化学性强的特点，漆膜硬度较好，丰满度较好，综合性能接近油性漆。

水性木器漆主要用于各种木质家具、构造的表面涂装，虽然水性漆具有环保性，且漆膜效果好等优点，但是单组分水性漆的硬度、耐高温等性能与传统的油性清漆还存在一定差距。一般用于不太重要的装饰构造

图6-14　水性木器漆涂装

上，如家具的侧部板材（见图6-14），而用到台面、桌面等部位非常容易受到磨损。水性木器漆常用包装为0.5～10kg／桶不等，其中2.5kg包装产品价格为200～400元／桶。在施工中可以加清水稀释，但是加水量一般应不大于20%。选购时，水性清漆则基本闻不出气味，或只有非常轻微的气味。如果经销商或包装说明上指出需要专用稀释剂或酒精类物质稀释，那就一定不是正宗产品。

五、乳胶漆

乳胶漆又称为合成树脂乳液涂料，是有机涂料的一种（见图6-15）。乳胶漆干燥速度快，耐碱性好，色彩柔和，漆膜坚硬，颜色附着力强。乳胶漆根据光泽效果可分为亚光、丝光、有光、高光等类型。此外，还有固底漆与罩面漆

图6-15　乳胶漆

等品种。固底漆能有效地封固墙面，耐碱防霉的涂膜能有效地保护墙壁，极强的附着力，能有效防止面漆咬底龟裂，适用于各种墙体基层使用。

罩面漆的涂膜光亮如镜，耐老化，极耐污染，内外墙均可使用，污点一洗即净，适用于潮湿空间。乳胶漆常用包装为3～18kg／桶，其中18kg包装产品价格为150～400元／桶，知名品牌产品还有配套组合套装产品，即配置固底漆与罩面漆，价格为800～1200元／套。乳胶漆的用量一般为12～18m^2／L，涂装2遍。

选购时，可以将桶提起来摇晃，优质乳胶漆晃动一般听不到声音，很容易晃动出声音则证明乳胶漆黏稠度不高。可以先购买1桶小包装产品，打开包装后观察乳胶漆，优质产品比较黏稠，且细腻润滑，用木棍挑起乳胶漆，优质产品的漆液自然垂落能形成均匀的扇面，不应断续或滴落（见图6-16）。仔细闻乳胶漆，优质产品有淡淡的清香，而伪劣产品具有泥土味，甚至带有刺鼻气味，或无任何气味。用手触摸乳胶漆，优质产品比较黏稠，呈乳白色液体，无硬块、搅拌后呈均匀状态。漆液能在手指上均匀涂开，能在2min内干燥结膜，且结膜有一定的延展性（见图6-17）。

图 6-16　挑起乳胶漆

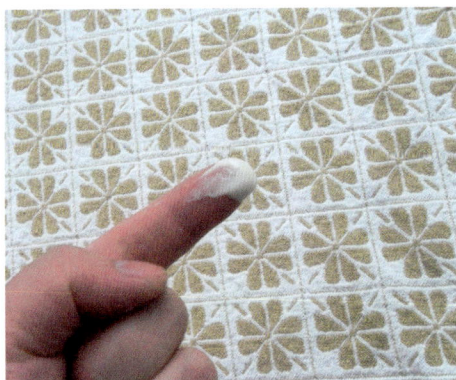

图 6-17　拿捏黏稠度

调合漆

调合漆源于早期油漆工人对油漆的自行调配。一般用作饰面漆。调合漆在生产过程中已经经过调和处理，相对于不能开桶即用的混油而言，它不需要现场调配，可直接用于装修施工的涂装（见图6-18）。

传统的调合漆是用纯油作为漆料，以后为了改进它的性能，加入了一部分天然树脂或松香酯作为成膜物质。调合漆主要用于木质家具、构造的面层涂装，有透明、白色、彩色等多种颜色，适用于小面积施工，或快速施工，包装规格为0.5~5kg／罐。在干燥气候环境下施工，仍需额外购置稀释剂，添加使用。

乳胶漆调色

乳胶漆可以调制出各种色彩。知名品牌乳胶漆的经销商都提供调色服务，费用为购置产品的5%左右，调色前提供色板参考，采用专业机械调色，精准度高，可以多次调色，色彩效果统一。

当然，设计师与施工员也可以购买彩色颜料自行调色，在文具店或美术用品商店购买水粉颜料（见图6-19），加清水稀释后逐渐倒入白色乳胶漆中，搅拌均匀即可。注意所调配的颜色应比预想的色彩要深些，因为乳胶漆涂刷完毕干燥后颜色会变浅。调配出较深的颜色一般只适用于局部涂装，或在某一面墙上涂装，避免产生空间变窄的不良效果。乳胶漆调配颜色一般以中浅程度的黄色、蓝色、紫色、橘红、粉红为主，不宜加入灰色、黑色。

图 6-18　调合漆

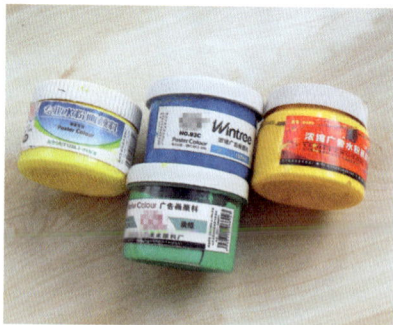

图 6-19　水粉颜料

第三节　装饰涂料

装饰涂料是除普通涂料以外的小品种产品，常用于具有特色设计风格的环境空间，涂装面积不大，但是能顺应设计风格，给装修带来不同的设计韵味。

一、仿瓷涂料

仿瓷涂料又称为瓷釉涂料，是一种装饰效果类似瓷釉饰面的装饰涂料（见图6-20）。由于组成仿瓷涂料主要成膜物的不同，可分为溶剂型与水溶型两种。

溶剂型仿瓷涂料主要成膜物是溶剂型树脂，加入颜料、溶剂、助剂而配制成具有多种颜色（见图6-21），且带有瓷釉光泽的涂料。水溶型仿瓷涂料的主要成膜物为水溶性聚乙烯醇，加入增稠剂、保湿助剂、细填料、增硬剂等制成。

仿瓷涂料饰面外观较类似瓷釉，用手触摸有平滑感，多以白色涂料为主。因采用刮涂方式施工，涂膜坚硬致密，与基层有一定黏结力，一般情况下不会起鼓、起泡，如果在其上再涂饰适当的罩光剂，耐污染性及其他性能都有提高。但是涂膜较厚，不耐水，安全性能较差，施工较复杂，属于限制使用产品。仿瓷涂料主要用于室内墙面施工，仿瓷涂料常用包装为5～25kg／桶，其中15kg包装的产品价格为60～80元／桶。

图6-20　仿瓷涂料

图6-21　仿瓷涂料效果

二、发光涂料

发光涂料又称为夜光涂料，是能发射荧光特性的涂料，能起到夜间指示作用，主要原料为成膜物质、填充剂、荧光颜料等（见图6-22）。

发光涂料一般分为蓄发光型与自发光型两种。蓄发光型涂料是由成膜物质、填充剂、荧光颜料等组成，当荧光颜料（硫化锌）的分子受光照射

图6-22　发光涂料

后被激发、释放能量，夜间或白昼都能发光，明显可见。自发光型涂料加有少量放射性元素，当荧光颜料的蓄光消失后，因放射物质放出射线，涂料会继续发光，这类涂料对人体有害。

发光涂料具耐候性、耐光性、耐温性、耐化学稳定性、耐久性、附着力强等优良物化性能。可用于各种基材表面涂刷。发光亮度分为高、中、低三种，发光颜色为黄绿、蓝绿、鲜红、橙红、黄、蓝、绿、紫等。发光涂料常用于KTV、酒吧、走道等采光较弱的娱乐空间（见图6-23）。发光涂料常用包装为0.1～1kg／罐，其中1kg包装的产品价格为80～120元／罐。

图6-23　发光涂料效果

三、绒面涂料

绒面涂料又称为仿绒涂料，根据实际经济水平与设计要求不同而选用不同配方的产品，绒面涂料具有耐水洗、耐酸碱、施工方便，装饰效果好等特点（见图6-24和图6-25）。

图 6-24 绒面涂料

图 6-25 绒面涂料效果

　　绒面涂料可广泛应用于室内墙面、顶面、家具表面的涂刷，能在木材、混凝土、石膏板、石材、墙纸、灰泥墙壁等不同材质表面施工。绒面涂料常用包装为 1 ~ 2.5kg ／桶，其中 1kg 包装的产品价格为 60 ~ 100 元 ／桶，可涂刷 3 ~ 4m²。

四、肌理涂料

　　肌理涂料又称为肌理漆、马来漆、艺术涂料，肌理是指物体表面的组织纹理结构，即各种纵横交错、高低不平、粗糙平滑的纹理变化，是呈现物象质感，塑造并渲染形态的重要视觉要素，其装饰效果源于油画肌理（见图 6-26 和图 6-27）。

图 6-26 肌理涂料

图 6-27 肌理涂料效果

肌理涂料所形成的视觉肌理与触觉肌理效果独特，可逼真表现布革、皮革、纤维、陶瓷砖面、木质表面、金属表面等装饰材料的肌理效果，主要用于中西餐厅、专卖店、酒吧、舞厅等商业娱乐空间。肌理涂料常用包装规格为 5～20kg／桶，其中5kg产品包装价格为100～150元／桶，可涂刷20～25m²，高档产品成组包装，附带有光泽剂、压花滚筒、模板等工具。

五、裂纹漆

裂纹漆是由硝化棉、颜料、体质颜料、有机溶剂、辅助剂等研磨调制而成的可形成各种颜色的油漆产品，它是在硝基漆的基础上发展而来的新产品，又称为硝基裂纹漆。裂纹漆具有硝基漆的基本特性，属挥发性自干油漆，无须加固化剂，干燥速度快。喷涂后内部应力能产生较高的拉扯强度，形成良好、均匀的裂纹图案，增强涂层表面美观，提高装饰性（见图6-28和图6-29）。

图 6-28　裂纹漆

图 6-29　裂纹漆效果

裂纹漆可用于家具、构造局部涂刷，或用于各种背景墙局部涂刷。裂纹漆包装规格为5kg／组，其中包括底漆、裂纹面漆等组合产品，价格为200～300元／组。另有底漆与裂纹面漆分开包装的产品单独销售。

六、硅藻涂料

硅藻涂料是以硅藻泥为主要原材料，添加多种助剂的粉末装饰涂料。硅藻是生活在数百万年前的一种单细胞的水生浮游类生物，沉积水底后经过亿万年的积累与地质变迁成为硅藻泥（见图6-30和图6-31）。

图 6-30　硅藻涂料

图 6-31　硅藻涂料效果

硅藻涂料目前主要用于住宅、酒店客房的墙面涂装，具有良好的装饰效果。硅藻涂料为粉末装饰涂料，在施工中加水调和使用。硅藻涂料主要有桶装与袋装两种包装形成，桶装规格为5～18kg／桶，5kg包装的产品价格为100～150元／桶。袋装规格一般为20 kg／袋，价格较低，为200～300元／袋，用量约为1kg／m²。

选购时，应注意优质硅藻涂料粉末不吸水，用手拿捏为特别干燥的感觉，可以在干燥的600mL纯净水塑料瓶内放置约50%容量的硅藻涂料粉末，将香烟烟雾吹入其中后封闭瓶盖，不断摇晃瓶身，约10min后打开瓶盖仔细闻一下，正宗产品应该基本没有烟味。

七、真石漆

真石漆又称为石质漆，主要由高分子聚合物、天然彩色砂石及相关助剂制成，干结固化后坚硬如石，看起来像天然花岗岩、大理石一样（见图6-32~图

6-34）。

真石漆涂层主要由封底漆、骨料、罩面漆等3部分组成。封底漆的作用是在溶剂（或水）挥发后，其中的聚合物及颜填料会渗入基层的孔隙中，从而阻塞了基层表面的毛细孔，可以消除基层因水分迁移而引起的泛碱，发花等，同时也增加了真石漆主层与基层的附着力，避免了剥落、松脱现象。骨料是天然石材经过粉碎、清洗、筛选等多道工序加工而成，具有很好的耐候性，相互搭配可调整颜色深浅，使涂层的色调富有层次感。罩面漆主要是为了增强真石漆涂层的防水性、耐污性，耐紫外线照射等性能，也便于日后清洗。

真石漆主要用于室内外各种界面涂装（见图6-35），真石漆一般为桶装，其中25kg包装的产品价格为100～150元／桶，可涂装15～20m^2。

图 6-32　真石漆

图 6-33　真石漆效果

图 6-34　真石漆样本

图 6-35　真石漆涂装

真石漆常见问题与解决方法

1. 阴阳角裂缝。真石漆在干燥过程中，有时会在阴阳角处出现裂缝，因为会有两个不同方向的张力同时作用于阴阳角处。可以再喷涂1遍，间隔0.5h后再喷1遍，直至盖住裂缝。对于新喷涂的阴阳角，应采取薄喷多喷的原则，即表面干燥后重喷，唢枪距离要远，运动速度要快，且不能垂直阴阳角喷，只能采取平射，即喷涂两个面，让涂料均匀扫入角落。

2. 平面出现裂缝。主要原因是天气温差大，突然变冷，致使内外层干燥速度不同，表干里不干而形成裂缝，可以改用小嘴喷枪，薄喷多层，尽量控制每层的干燥速度，喷涂距离应略远。

3. 成膜过程。由于覆盖不够均匀或太厚，在涂层表面成膜后出现裂缝。除了施工时注意喷涂方法外，必要时可以更换真石漆，重新施工。

第四节　特种涂料

特种涂料是用于特殊场合，满足特殊功能的涂料，主要对涂装界面起到保护、封闭的作用。

一、防水涂料

防水涂料是指涂刷在装修构造或建筑表面，经化学反应形成一层薄膜，使被涂装表面与水隔绝，从而起到防水、密封的作用，其涂刷的黏稠液体统称为防水涂料。防水涂料经固化后形成的防水薄膜具有一定的延伸性、弹塑性、抗裂性、抗渗性及耐候性，能起到防水、防渗、保护作用。防水涂料有以下几种。

1. 堵漏王

堵漏王是指一种高性能、集无机、无碱、防水、防潮、抗裂、抗渗、堵漏于一体的最新高科技产品，能够迅速凝固且密度和强度都极高（见图6-36）。它能在搅拌后1min开始凝固，3~4min终凝。

适用于防水，带水带压，立刻止漏等工程。本产品操作简单，只要加水调和即可使用，无毒、无害、无污染。对于厨卫间、地下室、屋面等非伸缩性混凝土或砂浆结构处以及各种穿墙管，套管周边缺陷，阴角位修补有非常卓越的效果，它可以对阴角的圆弧处和管道周边的防水进行加强处理，同时还可以用于埋设挂勾件，阴封设备栏杆等。

2. 聚氨酯防水涂料

聚氨酯防水涂料是多种材料经混合等工序加工制成的单组分聚氨酯防水涂料（见图6-37）。该类涂料为反应固化型（湿气固化）涂料、具有强度高、延伸率大、耐水性能好等特点。对基层变形的适应能力强。聚氨酯防水涂料是一种液态施工的单组分环保型防水涂料，是以进口聚氨酯预聚体为基本成分，无焦油和沥青等添加剂。它是与空气中的湿气接触后固化，在基层表面形成一层坚固的无接缝整体防水膜。

单组分聚氨酯防水涂料是以异氰酸酯、聚醚为主要原料，配以各种助剂制成的反应型柔性防水涂料。该产品具有良好的物理性能，黏结力强，常温湿固化。有的聚氨酯防水涂料涂刷出的膜有稍微发黏的情况，在性能达标的情况下，也属于合格。

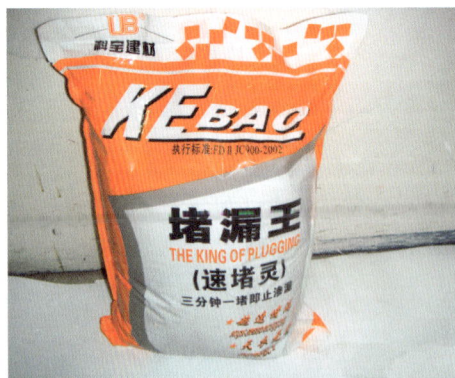

图 6-36 堵漏王

图 6-37 聚氨酯防水涂料

单组分聚氨酯防水涂料有以下优点：

1）粘连性好。高强度，高延伸率，高固含量，黏结力强。

2）施工方便。延伸性好，能克服基层开裂带来的渗漏；常温施工，操作简便，无毒无害，耐候性、耐老化性能优异；克服了双组分聚氨酯防水涂料需计量搅拌的缺点，保证了产品质量稳定和工程的防水效果。

3. JS防水涂料

JS防水涂料是指聚合物水泥防水涂料（见图6-38），又称JS复合防水涂料。JS防水涂料是一种以聚丙烯酸酯乳液、乙烯—乙酸乙烯酯共聚乳液等聚合物乳液和水泥、石英砂、轻重质碳酸钙等无机填料及各种添加剂所组成的无机粉料通过合理配比、复合制成的一种双组分、水性建筑防水涂料。

JS防水涂料为绿色环保材料，它不污染环境、性能稳定、耐老化性优良、防水寿命长；使用安全、施工方便，操作简单，可在无明水的潮湿基面直接施工；黏结力强，适用于大多数材料；材料弹性好、延伸率可达200%；抗裂性、抗冻性和低温柔性优良；施工性好，不起泡，成膜效果好、固化快；施工简单，刷涂、滚涂、刮抹施工均可。JS防水涂料需要在湿面施工，加入颜料可做成彩色装饰层。无毒、无味，可用于食用水池的防水。适用于厕浴间、厨房防水，有饰面材料的外墙、斜屋面的防水，防潮工程的防水等。

该防水涂料分Ⅰ型和Ⅱ型两种，用法有所不同。

1）JS-Ⅰ型。主要用于变形较大的部位如屋面、地下室等（见图6-39）。水性涂料，无毒、无害、无污染、是环保型涂料。可直接在混凝土表面施工并粘

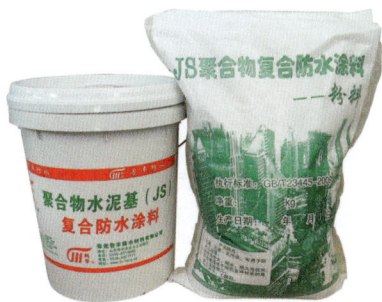

图 6-38　JS 防水涂料

图 6-39　JS-Ⅰ型防水涂料

接牢固。冷施工，操作更方便，基层含水率不受限制，但基层表面不可有积水。凝结时间短，施工2h后方可进行下道施工工序。

2）JS-Ⅱ型。主要用于变形较小部位如外墙、厕浴间等（见图6-40）。Ⅱ型防水胶（通用型），采用先进工艺聚合而成的高分子多元共聚物，适用于卫生间、浴室、厨房、楼台面、阳台、水池及墙面、木地板防潮、屋面（非暴露），并且特别适用于大型防水工程。

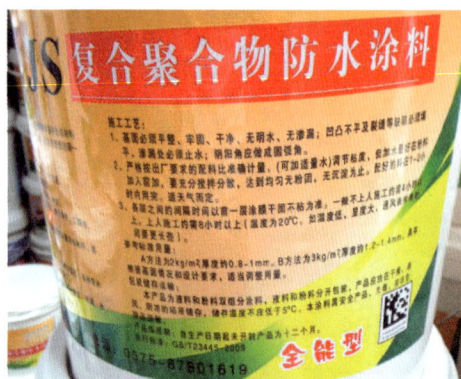

图6-40　JS-Ⅱ型防水涂料

4. 防水剂

防水剂是一种化学外加剂，加在水泥中，当水泥凝结硬化时，体积随之膨胀，起到补偿收缩和张拉钢筋产生预应力以及充分填充水泥间隙的作用。用于地下室、卫生间、蓄水池、净化池、隧道以及屋顶、屋面、地面、墙壁等防水工程。防水剂需与以上三种防水涂料结合起来，常用的防水剂品牌有以下两种：

1）房屋医生。房屋医生是一种便于涂刷、黏结力强、成膜后韧性强、低温不硬碎、高温不氧化分解的液体（见图6-41），用于涂刷在各种混凝土、沥青、油膏、卷材、砖块、石材、灰浆等表面及裂缝处。本品属于渗透加成膜防水材料，具有非常好的抗裂防漏的效果。适用于屋顶、平台、露台、天沟、下水管周边等开裂渗漏水处。

2）黑金刚。黑金刚是一种无机物渗透结晶的高端新型材料（见图6-42）。它的保质期长，与建筑物同寿命；施工简单、价格低廉；适用范围极大，可用于地下室、卫生间、厨房、水池、楼顶防水、车库、高铁隧道等，迎水面和背水面均可，是性价比极高的一种防水涂料。

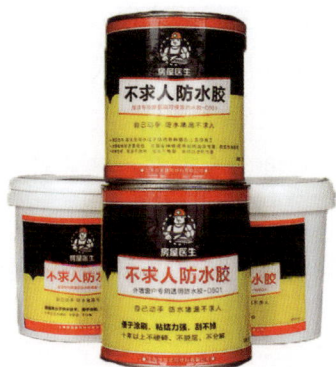

图 6-41　房屋医生

图 6-42　黑金刚防水涂料

二、防火涂料

防火涂料是由基料（成膜物质）、颜料、普通涂料助剂、防火助剂、分散介质等原料组成。防火涂料主要用于可燃性装饰材料、构造表面，能降低被涂界面的可燃性、阻滞火灾的迅速蔓延，是用于提高被涂材料耐火极限的特种涂料（见图6-43和图6-44）。防火涂料按照涂料的性能可以分为非膨胀型防火涂料与膨胀型防火涂料两大类。

图 6-43　防火涂料

图 6-44　防火涂料涂装

1. 非膨胀型防火涂料

非膨胀型防火涂料的防火隔热原理是防火涂料受火时涂层基本上不发生体

积变化，但涂层热导率很低，延滞了热量传向被保护基材的速度，防火涂料的涂层本身是不燃的，对钢构件起屏障和防止热辐射作用，避免了火焰和高温直接进攻钢结构。另外涂料中的有些组分遇火相互反应而生成不燃气体的过程是吸热反应，也消耗了大量的热，有利于降低体系温度，故防火效果显著，对钢材起到高效的防火隔热保护作用。

非膨胀型防火涂料主要用于木材、纤维板等板材质的防火，用在木结构屋架、顶棚、门窗等表面。

2. 膨胀型防火涂料

受火时涂层不发生体积变化形成釉状保护层，它能起隔绝氧气的作用，使氧气不能与被保护的易燃基材接触，从而避免或降低燃烧反应膨胀型防火涂料主要用于保护电缆、聚乙烯管道、绝缘板，可用于建筑物、电力、电缆的防火。防火涂料常见包装规格为5~20kg／桶，其中20kg包装规格的产品价格为200~300元／桶，其用量为1m²／kg。

防火涂料施工方法简单，施工温度一般为5℃以上。施工前将基材表面上的尘土、油污去除干净。涂料必须充分搅拌均匀才能使用。如果涂料黏度太大，可加少量的清水稀释。刷涂、滚涂均可，一般3~4遍即可。对木质龙骨、板材进行涂刷时，可在构造安装前涂刷2遍，构造成型后再涂刷1~2遍。

三、防霉涂料

防霉涂料是含有生物毒性药物，能抑制霉菌生长发展的一种防护涂料，一般是由防霉剂、颜色填料、各种添加剂组成，其中防霉剂是防霉涂料的关键，防霉剂对霉菌、细菌、酵母菌等微生物有广泛、持久、高效的杀菌与抑制能力（见图6-45）。

防霉涂料具有较强的杀菌防霉作用，而且具有较强的防水性，涂覆

图6-45　防霉涂料

基材表面后，无论潮湿还是干燥，涂膜都不会发生脱落现象。防霉涂料应用于适宜霉菌滋长的环境中，而能较长时间保持涂膜表面不长霉，具备耐水、耐候性能。

防霉涂料主要用于通风、采光不佳的卫生间、厨房、地下室等空间的潮湿界面涂装，用于木质材料、水泥墙壁等各种界面的防霉。防霉涂料常见包装规格为5～20L/桶，其中20L包装的产品价格为200～300元/桶，其用量与施工方法和普通乳胶漆一致，只是注意应在干燥的环境下施工。

四、防锈涂料

防锈涂料是指保护金属表面免受大气、水等的物质腐蚀的涂料。在金属表面涂上防锈涂料能够有效地阻止大气中各种腐蚀性物质的直接入侵，使得金属使用期限最大化的延长（见图6-46）。

防锈涂料主要用于金属材料的底层涂装，如各种型钢、钢结构楼梯、隔墙、楼板等构件，涂装后表面可再作其他装饰（见图6-47）。传统防锈涂料为醇酸漆，价格低廉，常用包装规格为0.5～10kg/桶，其中3kg包装产品价格为50～60元/桶，需要额外购置稀释剂调和使用。现代厚防锈涂料多用套装产品，1组包装内包括漆2kg、固化剂1kg、稀释剂2kg三种产品，价格为200～300元/组，每组可涂刷12～20m²。防锈涂料的选购、施工方法与厚漆基本一致。

图6-46　防锈涂料

图6-47　防锈涂料涂刷

五、防雾涂料

防雾涂料是一种防止水珠在物体表面凝结的涂料。由于防雾涂料其表面具备超亲水特性，增大了水的表面张力，水在其表面无法形成水珠，而是形成一层水膜，从而从根本上阻止了雾气的形成（见图6-48）。

防雾涂料主要用于玻璃、金属材料的表面涂装，防止水雾长时间停留在材料表面，如各种型钢、钢结构楼梯、隔墙、楼板等构件。涂装后表面再作其他装饰。防雾涂料常用包装有每罐1L、5L等，透明材料防雾涂料也有自动气雾瓶装，为250mL／罐与450mL／罐，其中450mL包装产品价格为20～30元／罐。防雾涂料施工方法简单，将被施工面清洗干净，待表面干燥后直接喷涂施工，常温急速快干，操作方便。

图6-48　防雾涂料

六、地坪涂料

地坪涂料适用于混凝土、水泥砂浆地面涂装的特殊涂料，主要起到保护地面坚固、耐久，防止地面粉化，具有一定的防潮、防水、隔声功能（见图6-49和图6-50）。地坪涂料的主要成膜物质为油脂或树脂，次要成膜物质为各种颜料、挥发性溶剂，具有较好的耐碱性、耐水性、耐候性，能常温成膜。

目前，使用率较高的是环氧树脂地坪涂料，主要用于装修前的地面涂装，涂装后可在表面作各种施工，如铺装地砖、铺设地板等。地坪涂料

图6-49　地坪涂料

常用包装为5~20kg/桶，使用时还需另购5kg包装的固化剂调和使用，其中20kg+5kg包装规格产品价格为500~600元/套，可涂刷80~100m²的地面。

图6-50　地坪涂料涂装

第五节　油漆涂料施工

一、填料施工

填料的施工比较简单，一般打开填料包装后，直接加水进行调和即可使用。

1. 施工方法

首先，准备用于调和、搅拌填料的容器，打开包装后将填料倒入容器内。然后，按使用说明加入适量的水与添加剂。接着，将填料搅拌均匀，并盖上容器静置10~20min。最后，再次搅拌即可直接涂刮在施工界面上（见图6-51）。

2. 施工要点

1）石灰粉。应根据需要加一定比例的水、砂、缓凝剂搅拌成石灰砂浆（见图6-52），可用于墙体、构造的高级抹灰，表面细腻光滑、洁白美观。

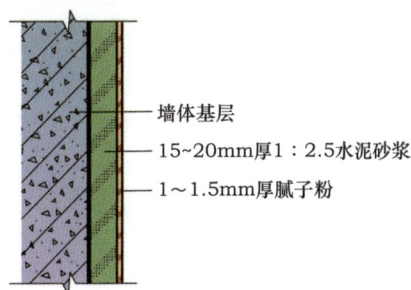

　　墙体基层
　　15~20mm厚1:2.5水泥砂浆
　　1~1.5mm厚腻子粉

图6-51　墙面填料涂刮

图6-52　石灰粉调和

石膏粉直接加入适量的水拌制成的石膏浆也可以作为油漆的底层，能直接涂刷乳胶漆或铺装壁纸。

2）腻子粉。施工基层应坚实、干净、基本平整、无明水，基层强度应大于或接近腻子的强度。对于吸水性强的基层应先用清水润湿或喷刷建筑胶水进行封底处理后再刮腻子，黏稠度以适合施工为宜，新抹灰的水泥墙应在养护期后再刮腻子。一般产品按腻子粉∶水＝1∶0.5的比例搅拌均匀，静置15min再次搅拌均匀即可使用。用钢刮板或抹刀按常规批刮，刮涂次数不可过多，通常批刮两次，第2次刮涂在上层干透情况下方可施工。批刮厚度1～1.5mm，平均用量1～1.5kg／m²。腻子干后用240号砂纸进行打磨，尽快涂刷涂料或粘贴壁纸。不同品牌腻子粉不宜在同一施工界面上使用，以免产生化学反应或色差（见图6-53和图6-54）。

3）原子灰。被涂刮的表面必须清除油污、锈蚀、旧漆膜、水渍，需确认其干透并经过打磨平整才能进行施工。将主灰与固化剂按100∶1.5～3（重量计）调配均匀，与涂装界面的色泽应一致，并在凝胶时间内用完，一般原子灰的凝胶时间为10min，气温越低固化剂用量越多。用刮刀将调好的原子灰涂刮在打磨后的家具、构造表面上，如需厚层涂刮，一般应分多次薄刮至所需厚度。涂刮时若有气泡渗

图6-53　腻子粉满刮墙面

图6-54　腻子粉批刮边角

入，必须用刮刀彻底刮平，以确保有良好的附着力。一般刮原子灰后0.5～1h为最佳水磨时间，2～3h为最佳干磨时间，待完全干透后才能进行涂装油漆。刮原子灰后，将打磨好的表面清除灰尘，即可进行各种油漆涂料施工。用完后立即加盖密封，使用过的原子灰不能装入原容器中。

二、常规油漆涂料施工

常规油漆涂料的施工方法比较接近，但仍然要根据产品的使用说明来执行。

1. 施工方法

首先，清理材料表面的灰尘与污物。然后，用0号砂纸将涂刷表面磨光，涂刷保护底漆，一般底漆也是面漆。接着，待干透后用经过调配的填料将钉眼、树疤等凸凹面掩饰掉，以求界面颜色统一，干透后用360号砂纸磨光，整体涂刷1遍油漆涂料，再次打磨后继续涂刷油漆涂料，涂刷遍数与具体工艺根据不同品种制定，直至达到施工要求。最后，待干后用干净的抹布将表面粉尘擦除即可。

2. 施工要点

1）清油与清漆。一般涂刷在木质家具、构造表面，共需要4～6遍才会有较为平整、优质的效果，但一般应不大于8遍，只是清漆底层涂刷应在乳胶漆施工之前进行（见图6-55）。

2）厚漆。一般施工为刷涂，其效果一般，会在漆膜上形成刷痕。中高级工艺都以喷漆或擦漆为主，对板材饰面的要求不是很高，也可以用于纤维板表面。擦漆为高级工艺，是用脱脂棉包上纱布，蘸上稀释好的厚漆，在木器表面缓慢涂擦，一般涂擦3遍才能达到良好效果，但是涂装一般应不大于3遍（见图6-56）。

3）硝基漆。使用前应将漆搅匀并过滤，如有漆粒或杂质，必须进行过滤清除，可以加入稀释剂降低硝基漆的黏稠度，以喷涂为主（见图6-57）。如果

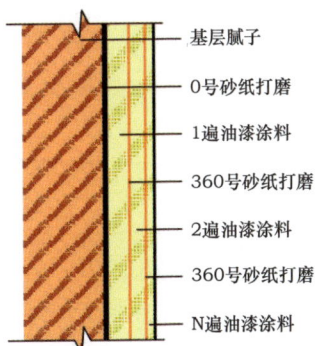

基层腻子
0号砂纸打磨
1遍油漆涂料
360号砂纸打磨
2遍油漆涂料
360号砂纸打磨
N遍油漆涂料

图6-55　常规油漆涂料涂装结构

189

(a) 清扫表面灰尘　　(b) 用刀刮去转角的木质毛刺纤维　　(c) 调配修补腻子灰膏的色彩　　(d) 腻子灰膏填补钉头凹坑处

(h) 侧面应换用小型板刷　　(g) 刷漆时顺应木质纹理操作　　(f) 边刷边调配稀释剂　　(e) 刷漆前用砂纸打磨涂饰表面

(i) 混油涂刷根据结构或顺应木纹　　(j) 打开包装检查油漆密封状况　　(k) 使用灰膏腻子修补钉头凹陷处　　(l) 干燥后根据质量与厚度来打磨

(m) 涂刷后注意清洁

图 6-56　清漆涂刷步骤

施工空气湿度大，漆膜易出现发白现象，应加入硝基防潮剂调整硝基漆的黏稠度，施工时间以10min左右为宜，用量为8～10m²/kg，一般应涂刷6～8遍。

4）水性木器漆。施工温度为10～30℃，相对湿度50%～80%，过高或过低的

(a) 用旧报纸遮盖　　(b) 调配硝基漆后静置　　(c) 匀速喷涂硝基漆
不需要涂刷部分　　　　　10min

(f) 硝基漆干后放在　　(e) 硝基漆干燥后要　　(d) 干燥后用灰膏腻
通风干燥位置　　　　用砂纸打磨　　　　子修补钉头凹陷部位

图6-57　硝基漆涂刷

温度、湿度都会导致涂装效果不良。水性木器漆与待涂面的温度应一致，不能在冷木材上涂漆。水性漆可在阳光下施工与干燥，但是要避免在热表面上涂漆。在垂直面上涂装时，应加5%～20%的清水稀释后喷涂或刷涂，应薄层多道施工，以免流挂。水性木器漆一般涂装3～4遍即可达到良好的效果，要求高干满度时涂装道数还应再增加。每遍之间不仅要进行打磨，还应适当延长干燥时间，达4h以上为佳。水性木器漆施工后通常干燥7天才能达到最终强度。

5）乳胶漆。涂装基础界面颜色应一致，不允许有透底、漏刷、掉粉、皮碱、起皮、咬色等缺陷，一般涂刷两遍。乳胶漆的施工方法主要有刷涂、滚涂、喷涂。刷涂主要采用羊毛刷施工，优点是刷痕均匀，缺点是容易掉毛，而且效率低下。滚涂比较节省材料，但是对边角地区的涂刷不到位，而且容易产生滚痕，影响美观（见图6-58）。喷涂分为有气喷涂与无气喷涂两种方式，主要是借助喷涂机来完成施工，优点是施工效率高，漆膜平滑，缺点是雾化严重，比较浪费乳胶漆。使用喷枪喷涂时，喷点疏密均匀，不允许有连皮现象，不允许有流坠，手触摸漆膜应光滑、不掉粉，保持门窗及灯具、家具等洁净，无涂

(a) 施工前用防裂胶带粘贴各板材接缝　(b) 刮墙时力度要均匀　(c) 满刮腻子后等待完全干燥　(d) 砂纸打磨时需用高强度灯光照明

(h) 顶面施工时将滚筒摩擦一遍后施工　(g) 涂刷时力度要均衡　(f) 涂刷至隐蔽墙角待干后观察颜色　(e) 施工前分桶调色

图 6-58　乳胶漆涂刷

料痕迹。

　　6）硅藻涂料。涂装基层清洁后应对基层涂刷两遍腻子，施工过程中避免强风直吹及阳光直接曝晒，以自然干燥为宜。按使用说明配置硅藻涂料干粉，加水浸泡5min后用电动搅拌机搅拌约10min，搅拌时可加入约10%的清水调节黏稠度，使其成为泥性涂料，只有充分搅拌均匀后方可使用（见图6-59）。滚涂搅拌好的硅藻两遍，第一遍厚度为1mm左右，完成后待干，约1h，以表面不粘手为宜，滚涂第2遍，厚度为1.5mm。总厚度为2～3mm。干燥后采用刮板、滚筒、模板等工具制作肌理图

(a) 硅藻涂料搅拌　(b) 搅拌完成的硅藻泥　(c) 硅藻泥涂刷

图 6-59　硅藻涂料施工

案，这要根据实际环境与干燥情况来掌握施工时间。最后用收光抹子沿图案纹路压实收光，也可以根据需要涂刷1层固化漆。

7）真石漆。喷涂真石漆最好采用无漆喷涂机（见图6-60）。一般采用喷涂工艺施工，施工时温度应不小于10℃，喷涂2遍，每遍间隔2h，厚度约0.5mm，常温干燥12h。喷涂真石漆应采用专用喷枪，喷涂厚度为2～3mm，如需涂抹2～3遍，则间隔2h，干燥24h后可打磨。打磨采用360号砂纸，轻轻抹平表面凸起的砂粒即可，用力不可太大，避免破坏漆膜而引起脱落（见图6-61和图6-62）。最后喷涂罩面漆2遍，每遍间隔2h，厚度约0.5mm，完全干燥需7天。

8）防水涂料。涂刷基层应处理平整、干净，保证无灰尘、油腻、蜡、脱模剂等以及其他碎屑物质。如果基层有孔隙、裂缝、不平等缺陷，须用水泥砂浆修补抹平，伸缩缝与节点应粘贴防裂纤维网，阴阳角处应抹成圆弧形。确保基层充分湿润，但无明水。将防水涂料倒入容器后，根据使用说明加入配套粉料或水泥粉，同时充分搅拌5min至均匀浆料状。同时将基层界面洒水润湿，开始涂刷防水涂料，用毛刷或滚刷直接涂刷在基面上，力度使用均匀，不可漏刷，一般需涂刷两遍，每次涂刷厚度为1～2mm，两遍之

图 6-60　无漆喷涂机

图 6-61　喷涂速度要均匀幅度不要大

图 6-62　完全干燥后要打磨

间应间隔24h，前后垂直十字交叉涂刷，涂刷总厚度一般为3～4mm。施工24h后用湿布覆盖涂层或喷雾洒水对涂层进行养护，完全干固前应禁止踩踏、雨水、暴晒、尖锐损伤等。最后应进行闭水试验，待防水层干固48h后，储满水48h，检查防水施工是否合格，轻质墙体须做淋水试验（见图6-63）。

(a) 防水涂料调和　　　(b) 涂刷防水涂料　　　(c) 供水管道需多次涂刷

(e) 闭水检验　　　(d) 墙角、构造处需多次涂刷

图6-63　防水涂料施工

课后练习

1. 比较各种涂料的特征以及用途。

2. 指出目前装修中使用频率最高的 3 种清漆，并比较它们的特征。

3. 考察市场，比较清漆与厚漆的使用频率和用途。

4. 考察市场，列举 3 种品牌水性木器漆，分析各自特征与价格。

5. 考察市场，列举 3 种品牌乳胶漆，分析各自特征与价格。

6. 根据教材内容，自主分析装饰涂料的选用原则。

7. 上网搜索更多其他防水涂料的品种，并熟记各自特征和用途。

8. 指出保证油漆涂料施工质量的关键环节。

第七章

胶凝材料

胶凝材料主要用于装饰材料之间相互黏结，能起到提高施工效率，降低施工成本的作用，但是胶凝材料应专材专用，一般选用原则是胶凝材料的分子结构应低于装饰材料的分子结构，且胶凝材料应具有一定的持续性与耐候性。胶凝材料不仅可以用于黏结，还能用于填充装修构造的缝隙，起到一定密封、防尘、防水的作用。

第一节　水泥与混凝土

水泥是一种粉状水硬性无机胶凝材料，加水搅拌成浆体后能在空气或水中硬化，用来胶结砂、石等散粒材料形成砂浆或混凝土，适用于粘接各种墙体砌筑，墙地面铺装，浇筑各种梁、柱等实体构造。

一、普通水泥

普通水泥是由硅酸盐水泥熟料、石膏、10%～15%混合材料等磨细制成的水硬性胶凝材料，又称为普通硅酸盐水泥。其中硅酸盐水泥熟料是以石灰石与黏土为主要原料，经破碎、配料、磨细制成生料，最后置入水泥窑中煅烧而成。

在装修基础工程中，如砌筑墙体，浇筑梁、柱等都要用到水泥，在使用中要按照要求来搭配砂的比例，如砌筑砖墙可以选用1：2.5～1：3水泥砂浆（体积比：水泥为1，砂为2.5～3）。如墙面找平、抹灰，可以选用1：2～1：2.5水泥砂浆，如墙面瓷砖铺贴，可以选用1：1水泥砂浆或素水泥。普通硅酸盐水泥采用编织袋或牛皮纸袋包装的产品，包装规格为25kg／袋，32.5号水泥的价格为20～25元／袋。

选购时，打开包装观察水泥，水泥的正常颜色应呈蓝灰色，颜色过深或有变化可能是其他杂质过多。用手握捏水泥粉末应有冰凉感，粉末较重且比较细腻，不应有各种不规则杂质或结块形态。察看生产日期，水泥生产30天后强度就会下降，储存3个月后的水泥强度会下降15%～25%，1年后降低30%以上。

二、白水泥

白水泥全称为白色硅酸盐水泥，是将适当成分的水泥生料烧至部分熔融，加入以硅酸钙为主要成分且铁质含量少的熟料，并掺入适量的石膏，磨细制成的白色水硬性胶凝材料。由于白水泥强度不高，多为装饰性用，主要用来填补墙地砖、石材的缝隙，一般不用于独立砌筑墙体或构造。白水泥传统包装规格为50kg／袋，但是现代装修用量不大，包装规格与价格也不一，一般为2.5～10kg／袋，2～3元／kg，掺有特殊添加剂的白水泥会达到5元／kg。白水泥的选购要点同普通水泥，只是要特别注意包装的密封性，不能受潮或混入杂物，不同标号与白度的水泥应分别贮运，不能混杂使用。

三、砌筑砂浆

砌筑砂浆主要用于墙体、基础构造砌筑，常用砌筑砂浆有以下3种：

1. 水泥砂浆

水泥砂浆运用最频繁，是主要的墙体砌筑黏接材料，颜色呈深灰色。用于墙体砌筑的水泥砂浆，其中水泥与砂的体积比多为1∶3。水泥砂浆在使用时，还要经常掺入一些添加剂如微沫剂、防水剂等，以改善它的和易性与黏稠度（见图7-1和图7-2）。

图 7-1　水泥砂浆调和

图 7-2　水泥砂浆抹灰

2. 石灰砂浆

石灰砂浆是由石灰膏与砂子按比例搅拌，添加一定外加剂而成的砂浆，颜色呈灰白色，完全靠石灰的气硬而获得强度，石灰砂浆虽然早期硬度低，但是完全干燥后也很坚硬。石灰砂浆一般多用于庭院与周边的辅助用房装修，如工具间、牲畜圈等，比较适合潮湿环境，但是强度比水泥砂浆弱，其中石灰与砂的体积比多为1∶3。

混合砂浆一般由水泥、石灰、砂子拌和而成，此外还根据需要增加了粉煤灰、石粉、滑石粉、钙粉、红土粉等外加剂，颜色呈中灰色，一般用于地面以上的砌体。混合砂浆由于加入了石灰，改善厂砂浆的和易性，有利于提高砌体密实度与工作效率。

目前，市场上有成品砂浆集料出售，如果装修用量不大，可以根据实际情况选用，常见砂浆集料特点在于在水泥中增加了各种添加剂，如缩短水泥的干燥时间，提高性能，增加强度、耐盐碱、抗裂性能等，适用于严寒、湿热地区或季节。成品包装规格为25kg／袋，价格比同规格包装的普通水泥高20%～50%。

四、混凝土

混凝土是由胶凝材料（如水泥）、水、骨料等按适当比例配制，经混合搅拌、硬化而成的一种人工石材，简称砼。

1. 普通混凝土

在装修中使用的混凝土是指用水泥作胶凝材料，砂、石作集料，与水、外加剂等按一定比例配合，经搅拌、成型、养护而成的水泥混凝土，称为普通混凝土（见图7-3）。普通混凝土具有原料丰富，价格低廉，抗压强度高，耐久性好，强度范围广，生产工艺简单等特点，因而用量越来越大。

普通混凝土主要用于浇筑装修空间中增加的地面、楼板、梁柱、楼梯等（见图7-4），也可以用于成品墙板或粗糙墙面找平，在户外用于浇筑各种小品、景观、构造等物件。普通混凝土的施工成本较高，以室内浇筑架空楼板为例，配合钢筋、模板等施工费用，一般为800～1000元／m²。

图 7-3　普通混凝土

图 7-4　普通混凝土浇筑楼梯

2. 装饰混凝土

装饰混凝土是通过使用特种水泥、颜料或选择颜色骨料，在一定的工艺条件下制得的混凝土。因此，它既可以在混凝土中掺入适量颜料或采用彩色水泥，使整个混凝土结构（或构件）具有色彩，又可以只将混凝土的表面部分做成设计的彩色（见图7-5和图7-6）。

图 7-5　装饰混凝土着色

图 7-6　着色剂

装饰混凝土能在原本普通的新旧混凝土表层，通过色彩、色调、质感、款式、纹理、机理与不规则线条的创意设计，对图案与颜色进行有机组合，形成各种天然大理石、花岗岩、砖、瓦、木地板等天然石材铺设效果，具有美观自然、色彩真实、质地坚固等特点。

五、水泥与混凝土施工

1. 水泥砂浆抹灰施工

墙地面抹灰是将砂浆用抹子抹到墙地面之上，所用的砂浆主要有水泥砂浆或混合砂浆。

1）施工方法。水泥砂浆抹灰构造见图7-7所示。其施工方法如下：首先，将基层表面的灰尘、污垢、油渍等清除干净，用水冲洗界面，光滑的混凝土基层表面应凿毛，同时调配砂浆。然后，在基层面上部拉水平线，依据灰层的厚度抹灰饼，灰饼与标筋均用1∶3水泥砂浆固定，标筋的宽度为50mm。接着，采用1：3水泥砂浆进行底层与中层抹灰，养护待干。最后，采用1：2.5水泥砂浆进行面层抹灰，抹灰前应对中间层洒水湿润，抹灰24h后应浇水养护7天（见图7-8）。

2）施工要点。墙体抹灰一般分为底层、中层、面层等3层。底层主要与基层（墙体）接触，同时还具有找平作用，厚度为5～10mm。中层主要

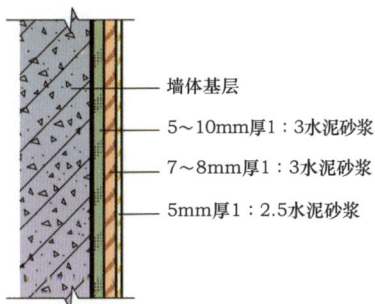

- 墙体基层
- 5～10mm厚1：3水泥砂浆
- 7～8mm厚1：3水泥砂浆
- 5mm厚1：2.5水泥砂浆

图 7-7 水泥砂浆抹灰构造

起找平作用和承前启后的结合作用，所用材料同底层，厚度为7～8mm。面层主要起装饰作用，要求表面平整、色泽均匀、无裂纹，厚度为5mm左右。如果墙面需要粘贴外墙砖，则应将面层抹灰搓毛。水泥砂浆用量较大时应采用搅拌机加工，搅拌时间应大于5min。掺用外加剂时，应先将外加剂按规定浓度溶于水中，加水时投入外加剂溶液，外加剂不得直接投入拌制的砂浆中。砂浆应随拌

(a) 清理抹灰墙面　　(b) 水泥砂浆调和均匀　　(c) 干湿度根据现场气候决定

(f) 完工后放线定位便于后期施工　　(e) 每一层抹灰后检查平整度　　(d) 抹灰力度要均匀

图 7-8 水泥砂浆抹灰施工

随用，水泥砂浆与水泥混合砂浆必须在拌成后2h内使用完毕。

2. 混凝土浇筑施工

混凝土浇筑是在施工现场通过筑模、绑扎钢筋、浇筑混凝土、养护等工序，制成的楼板、立柱、墙体等承重构造，整体性好、隔声性好、抗震能力强。

1）施工方法。首先，核对浇筑尺寸，根据设计要求进行配筋，构成钢筋骨架，同时将基层表面的灰尘、污垢、油渍等清除干净，用水冲洗界面。然后，安装浇筑模板，在模板上绑扎好钢筋，竖立两边侧模，并对模板涂刷脱模剂。接着，配置混凝土并进行混凝土浇筑，同时进行振捣密实，不能留置施工缝。最后，对混凝土进行覆盖养护7天，拆除模板（见图7-9）。

2）施工要点。绑扎钢筋时，应先在模板上弹出钢筋位置线，将受力钢筋摆在位置线上，再将分布筋绑扎在受力钢筋上。钢筋绑扎后要在钢筋网片下垫放15～20mm厚的垫块。混凝土配置搅拌后要在2h内浇筑使用，浇筑梁、柱、板时，初凝时间为8～12h。浇筑混凝土需要隔天施工时，应先用水泥素浆或与所用混凝土相同的水泥砂浆作为接合层，然后再铺浇筑混凝土。捣实混凝土时多采用振动棒或平板振动器，应使混凝土达到表面平整密实。混凝土浇筑后要注意养护，保证或加速混凝土的正常硬化。

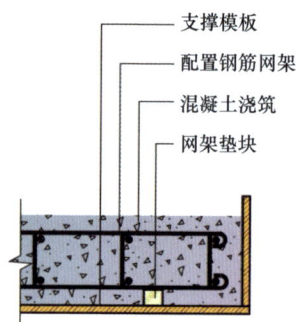

支撑模板
配置钢筋网架
混凝土浇筑
网架垫块

图7-9 混凝土浇筑构造

补充要点

彩色水泥

除了普通水泥与白水泥外，还有用于装饰构造表面的彩色水泥。彩色水泥是在白色硅酸盐水泥熟料与优质石膏粉的基础上掺入颜料、外加剂，磨细而成。

彩色水泥施工简单，造型方便，容易维修，价格便宜。常用彩色掺加颜料有氧化铁（红、黄、褐、黑色），二氧化锰（褐、黑色），氧化铬（绿色），钴蓝（蓝色），群青蓝（靛蓝色），孔雀蓝（海蓝色）、炭黑（黑色）等（见图7-10）。彩色水泥在施工与养护过程中容易受到污染，因此，器械与工具必须保持干净。

常用混凝土强度等级配置

1. C15。水泥强度32.5级，粗骨料最大粒径20mm，每立方米混凝土用料为水180kg，水泥310kg，砂650kg，石料1220kg。配合比为0.58∶1∶2.081∶3.952，砂率34.5%，水灰比0.58。

2. C20。水泥强度32.5级，粗骨料最大粒径20mm，每立方米混凝土用料为水190kg，水泥400kg，砂540kg，石子1260kg。配合比为0.47∶1∶1.342∶3.129，砂率30%，水灰比0.47。

3. C25。水泥强度32.5级，粗骨料最大粒径20mm，每立方米混凝土用料为水190kg，水泥460kg，砂490kg，石子1260kg。配合比为0.41∶1∶1.056∶1.717，砂率28%，水灰比0.41。

4. C30。水泥强度32.5级，粗骨料最大粒径20mm，每立方米混凝土用料为水190kg，水泥500kg，砂480kg，石子1230kg。配合比为0.38∶1∶0.958∶2.462，砂率28%，水灰比0.38。

河砂

砂是指在湖、海、河等天然水域中形成和堆积的岩石碎屑，如河沙、海沙、湖沙、山沙等，凡粒径小于4.7mm的岩石碎屑都可以称为建筑、装修用砂。用于装修的主要是河砂，河砂质量稳定，一般含有

图 7-10 彩色水泥颜料

少量泥土，需要经过网筛才能使用（见图7-11）。在大中城市，河沙价格为200元／吨左右，也有经销商将河沙经过筛选后装袋出售，每袋约20kg，价格为5元／袋。注意应避免使用海沙，海沙中的氯离子会对钢筋、水泥造成腐蚀，影响砌筑或铺贴的牢固度，造成墙面开裂，瓷砖脱落等不良影响。

图7-11　河沙网筛

第二节　胶黏剂

胶黏剂又称为胶水，它能快速粘接各种装饰材料，相对于钉子、螺栓等固件连接而言，胶凝材料具有成本低廉、施工快速、操作方便等优势，以往只用于木材、塑料、壁纸等轻质材料，现在逐渐覆盖整个装修领域。

一、石材与瓷砖胶黏剂

石材与瓷砖胶黏剂主要用于各种天然石材、人造石材、陶瓷墙地砖等自重较大的装饰块材胶粘施工，这类胶黏剂种类繁多，质量参差不齐，目前运用较多且质量比较稳定的产品主要有以下4种：

1. 瓷砖胶

瓷砖胶是以水泥为基材，采用聚合物材料等混合而成的一种白色或灰色粉末胶黏剂，可以取代传统水泥砂浆粘贴各种石材与陶瓷墙地砖。瓷砖胶在使用时只需加水即能获得黏稠的胶浆，它具有耐水、耐久性好，操作方便，价格低廉等特点。使用瓷砖胶粘贴墙面砖，在砖材固定5min内仍能旋转90°，而不会影响粘接强度。

瓷砖胶适用于局部墙面粘贴石材、瓷砖等块材。由于瓷砖胶采用单组分包装，粘接强度不及AB型干挂胶，一般适用于粘贴自重不大的块材，如中等密度陶瓷砖或厚度不大于15mm的天然石材，粘贴高度应小于3m。瓷砖胶的包装规格一般为20kg/袋，价格为60～80元/袋，每袋粘贴面积一般为4～5m²。

2. AB型干挂胶

AB型干挂胶是一种双组分的胶黏剂，即分为A、B两种包装，使用时将两者混合使用，具有耐水、耐气候以及耐多种化学物质侵蚀等特点（见图7-12）。AB型干挂胶的强度较高，可在混凝土、钢材、玻璃、木材等材料表面粘贴石材或瓷砖。

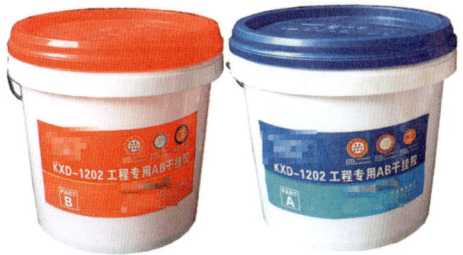

AB型干挂胶具有很高的粘接强度，价格也更高。在使用时多采用点胶的方式铺装石材、瓷砖，即在铺装

图7-12　AB型干挂胶

材料的背后与铺装界面上局部点涂AB型干挂胶。施工时要将A、B两种胶黏剂预先调和，两种胶黏剂混合均匀，然后装在打胶器上，最后将胶黏剂涂到需要粘接的部位。

AB型干挂胶适用于在潮湿墙面上铺装石材、砖材，尤其在家具、构造上局部铺装石材、瓷砖，铺装效率高，1名熟练施工员可铺装25m²/天。但是采用点胶的铺装方式不适合地面铺装，因为如果砖材与地面基层之间存在缝隙，受到压力容易破裂。AB型干挂胶的包装规格一般为2桶（A、B各1桶），5kg/桶，价格为100～200元/组，每组粘贴面积一般为4～5m²。

3. 云石胶

云石胶基于不饱和聚酯树脂，适用于各类石材间的粘接或修补石材表面的裂缝和断痕，常用于各类型铺石工程及各类石材的修补、粘接定位和填缝。云石胶耐候性强，不黄变。耐水煮性强，云石胶固化24小时后，水浸泡10小时，然后沸水蒸煮5小时，仍然能保持强劲的黏结力（见图7-13）。

4. 填缝剂

填缝剂是一种粉末状的物质，由多种高分子聚合物与彩色颜料制成，弥补了传统白水泥填缝剂容易发霉的缺陷，使石材、瓷砖的接缝部位光亮如瓷（见图7-14和图7-15）。

填缝剂凝固后在砖材缝隙上会形成光滑如瓷的洁净面，具有耐磨、

图 7-13　云石胶

防水、防油、不沾脏污等优势，能长期保持清洁、一擦就净，能保证宽度不大于3mm的接缝不开裂、不凹陷。填缝剂颜色丰富，自然细腻，具有光泽，不褪色，具有很强的装饰效果，各种颜色能与各种类型的石材、瓷砖相搭配。填缝剂主要用于石材、瓷砖铺装缝隙填补，是石材、瓷砖胶黏剂的配套材料。填缝剂包装每袋1～10kg不等，价格为5～10元／kg。

美缝剂是填缝剂的升级产品，美缝剂的装饰性实用性明显优于彩色填缝剂。传统的美缝剂是涂在填缝剂的表面，新型美缝剂不需要填缝剂做底层，可以在瓷砖粘接后直接填加到瓷砖缝隙中。适合2mm以上的缝隙填充，施工比普通型方便，是填缝剂的升级换代产品。

图 7-14　填缝剂

图 7-15　填缝剂调和

美缝剂光泽度好，颜色丰富、自然细腻，如金色、银色、珠光色等，而白色、黑色色度明显高于白水泥、彩色填缝剂，给墙面带来更好的整体效果，因此装饰性大大强于白水泥、彩色填缝剂。并且其凝固后，表面光滑如瓷，可以和瓷砖一起擦洗，具有抗渗透防水的特性，可以做到真正的瓷砖缝隙"永不变黑"。

二、聚醋酸乙烯胶黏剂

聚醋酸乙烯胶黏剂又称为白乳胶。聚醋酸乙烯胶黏剂无毒无味、无腐蚀、无污染，是一种环保型水性胶黏剂，是专用于竹、木质材料粘接的专用胶黏剂（见图7-16）。

聚醋酸乙烯胶黏剂使用方便、操作简单，可以直接涂抹至粘接部位，主要用于家具制作、地板铺装等。施工中能辅助钉子、螺栓等连接件，也可以用于墙面腻子的调和，或用作水泥增强剂、防水涂料等。聚醋酸乙烯胶黏剂常用包装为每桶0.5kg、1kg、4kg、8kg、18kg等，其中18kg包装产品价格为150～200元/桶。选购时，要注意胶体应该均匀，无分层，无沉淀，开启容器时应无刺激性气味（见图7-17）。

图 7-16　聚醋酸乙烯胶黏剂

图 7-17　聚醋酸乙烯胶黏剂质地

三、塑料胶黏剂

塑料胶黏剂是指用于塑料材料粘接的专用胶黏剂，目前常用的产品有以下几种：

1. 氯丁胶黏剂

氯丁胶黏剂又称为强力万能胶，属于独立使用的特效胶水，使用面广。氯丁胶黏剂采用聚氯丁二烯合成，是一种以不含三苯（苯、甲苯、二甲苯）的高质量活性树脂及有机溶剂为主要成分的胶黏剂，为浅黄色液态，其结构比较规整，在室温下有较好的粘接性能与较大的内聚强度（见图7-18和图7-19）。

图 7-18　氯丁胶黏剂

图 7-19　氯丁胶黏剂质地

氯丁胶黏剂的初始粘力大，涂胶于被粘物表面，经适当晾置，合龙接触后，便能瞬时结晶，有很大的初始黏结力，耐久性好。氯丁胶黏剂适用于防火板、铝塑板、PVC板、胶合板、纤维板、有机玻璃板、金属等多种材料的粘接，尤其常用于各种塑料板材之间的粘接。氯丁胶黏剂常用包装规格为每罐1kg、2kg、5kg、10kg、15kg等，其中1kg包装产品价格为20～30元／罐。

2. 环氧树脂胶黏剂

环氧树脂胶黏剂即为HN-605胶，其特性是粘接强度高、耐酸碱、耐水及其他有机溶剂，适用于各种塑料、橡胶等多种材料的粘接（见图7-20）。

环氧树脂胶黏剂一般为双组分胶黏剂，即分为A、B两种包装，使用时将两者混合使用。混合比例为胶黏剂：硬化剂=1：1，混合后一般应1h以内（15～25℃）用完。环氧树脂胶黏剂可耐震动与冲击而不脱落，可在常温下硬化，无需特别加热及加压，硬

图 7-20　环氧树脂胶黏剂

化之后树脂无味、无臭、无毒，便于使用。

环氧树脂胶黏剂主要用于各种塑料地板、地胶铺装，也可以将塑料材料粘接在金属、玻璃、陶瓷、塑料、橡胶材料表面。环氧树脂胶黏剂的包装规格一般为2罐（A、B各1罐），1～20kg／罐，其中1kg包装产品价格为20～30元／组。小包装产品可以用于日常维修保养，使用方便，价格低廉，一般为3～5元／件。

3. 硬质PVC胶黏剂

硬质PVC胶黏剂种类很多，具有较好的粘接能力与防霉、防潮性能，适用于粘接各种硬质塑料管材、板材，具有粘接强度高，耐湿热性、抗冻性、耐介质性好，干燥速度快，施工方便，价格便宜等特点（见图7-21）。

硬质PVC胶黏剂主要用于PVC穿线管与PVC排水管接头构造的粘接（见图7-22），也可以用于PVC板、ABS板等塑料板材粘接。常用包装有每罐100～1000g等，其中500g包装的产品价格为10～15元／罐。

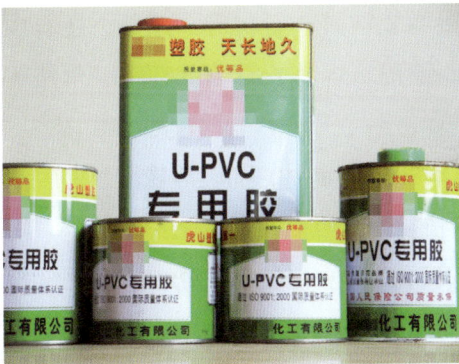

图 7-21　硬质 PVC 管道胶黏剂

图 7-22　硬质 PVC 管道胶黏剂涂刷

4. 免钉胶

免钉胶是一种黏合力极强的多功能建筑结构强力胶。在干固后，比铁钉的固定力度大（见图7-23）。而且免钉胶是不含甲醛，无异味，由树脂原料合成的一种绿色环保产品。可以和任何材料黏结，无气味，不伤皮

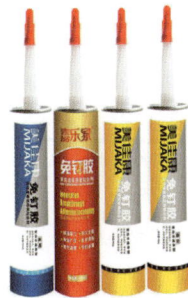

图 7-23　免钉胶

肤，永远不会变黑、发霉。干后可以打磨上油漆。免钉胶比玻璃胶的成本要高出很多，价格相应也会高出很多。但是作为一种辅材，价格高一点也可以接受。

四、玻璃胶黏剂

玻璃胶黏剂是专用于玻璃、陶瓷、抛光金属等表面光洁材料的胶黏剂，主要分为硅酮玻璃胶与聚氨酯玻璃胶两大类，其中硅酮玻璃胶是目前装修的主流产品。

市场上常见的是单组分硅酮玻璃胶，按性质又分为酸性胶与中性胶两种。酸性玻璃胶主要用于玻璃与其他材料之间的一般性粘接，粘接范围广，对玻璃、铝材、不含油质的木材等具有优异黏性，但是不能用于粘接陶瓷、大理石等。中性胶克服了酸性胶易腐蚀金属材料，易与碱性材料发生反应的缺点，因此适用范围更广，可以用于粘接陶瓷洁具、石材等。此外，还有中性防霉胶，耐候性更强，特别适用于一些潮湿、容易长霉菌的环境，价格比酸性胶要高。

玻璃胶黏剂主要用于干净的金属、玻璃、抛光木材、加硫硅橡胶、陶瓷、天然及合成纤维、油漆塑料等材料表面的粘接，也可以用于光洁的木线条、踢脚线背面或墙壁缝隙等部位。常用硅酮玻璃胶颜色有黑色、瓷白、透明、银灰、灰、古铜等6种。玻璃胶规格为每支250mL、300mL、500mL等，其中中性硅酮玻璃胶500mL价格为10～20元／支。

五、其他胶黏剂

其他胶黏剂品种繁多，适用于各种不同装修部位，应严格按照使用要求与配套材料来选购。

1. 建筑胶水

建筑胶水是以聚乙烯醇、水为主要原料，加入尿素、甲醛、盐酸、氢氧化钠等添加剂制成的胶水。目前，901建筑胶水中所含甲醛较少，基本在国家规定的范围以内，相对于传统108与801建筑胶水而言较为环保，这也是目前墙面施工基层处理的主要材料（见图7-24）。

建筑胶水主要用于配制涂料腻子，也可以添加到水泥砂浆或混凝土中，以增强水泥砂浆或混凝土的黏结强度，起到基层与涂料之间的过渡作用。901建筑胶水的常用包装规格为每桶3kg、10kg、18kg等，常见的18kg包

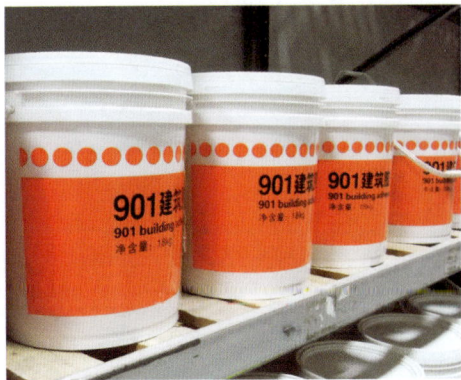

图7-24　901建筑胶水

装产品价格为60~80元/桶，知名品牌产品价格为120~150元/桶，其产品质量较有保证。选购时，注意优质建筑胶水打开包装后无任何异味，搅拌时黏稠度适中，质地均匀且呈透明状。

2. 壁纸胶

壁纸胶是指专用于壁纸、墙布等材料粘贴的胶黏剂，主要分为甲基纤维素壁纸胶与淀粉壁纸胶两类，是取代传统液态胶水的新型产品。

1）糯米胶。糯米胶也称江米胶（南方称糯米，北方称江米），是用纯天然糯米（江米）为原料，经过糯米净化、研磨、干燥等十二道工序而形成的环保胶黏剂。糯米胶黏性长、无毒、无异味、环保健康；维修率低；使用面广，几乎适用于所有的壁纸类型（见图7-25）。

目前糯米胶经国内配方改造提升已做到-20℃抗冻储藏，受冻15天，化开仍能正常使用。最佳储藏条件：5~35℃的阴凉干燥环境中，避免阳光直射。

2）淀粉壁纸胶。淀粉壁纸胶也被称为土豆粉，主要采用植物淀粉为原料生产，不含甲醛等有害物质。它具有经济实用，使用方便、强力配方，粘贴牢固等特性，粉末保存容易结块，胶液状态保存时间短，必须立即使用，其施工准备时间仅需要5min（见图7-26）。

现代壁纸胶一般为分解包装产品，即分为基膜、胶粉、胶水等3个包装。价格为60~150元/组，每组可铺装普通壁纸12~15m²。此外，壁纸胶产品种类较多，很多为进口产品，如成品桶装胶，其成分不明，但价格却很高，具体可以

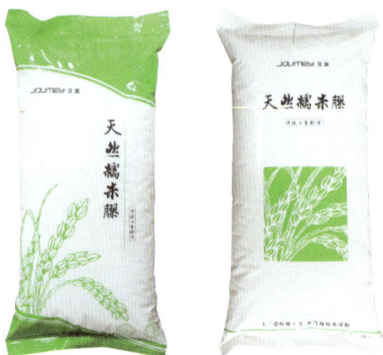

图 7-25　糯米胶

图 7-26　淀粉壁纸胶

根据实际条件选购。

3. 聚氨酯泡沫填充剂

聚氨酯泡沫填充剂全称为单组份聚氨酯泡沫填缝剂，又称为发泡剂、发泡胶、PU填缝剂。它是一种将聚氨酯预聚物、发泡剂、催化剂等物料装填于耐压气雾罐中的特殊材料。当物料从气雾罐中喷出时，沫状的聚氨酯物料会迅速膨胀并与空气或接触到基体中的水分发生固化反应，从而形成泡沫。固化后的泡沫具有填缝、粘接、密封、隔热、吸声等多种效果，是一种环保节能，使用方便的装修填充材料（见图7-27）。

聚氨酯泡沫填充剂适用于密封堵漏、填空补缝、固定黏结、保温隔声，尤其适用于成品门窗与墙体之间的密封堵漏及防水（见图7-28）。它具有施工方便

图 7-27　聚氨酯泡沫填充剂

图 7-28　门窗泡沫发泡膨胀

快捷、性能稳定等优势，可黏附在混凝土，涂层，墙体，木材及塑料表面。聚氨酯泡沫填充剂的常用包装为每罐500mL、750mL，其中750mL包装的产品价格为15～25元／罐。

六、胶黏剂施工

胶黏剂品种繁多，使用方法都不相同，对于不同品种的胶黏剂应总结施工规律。

1. 施工方法

首先，根据设计要求清理界面基层的污渍、水渍、油渍，必要时应打磨、凿毛界面并扫除灰尘。然后，打开包装，根据胶黏剂包装上的使用说明调配胶黏剂。接着，在规定时间内，采用专用工具将胶黏剂涂抹至粘接部位，对粘接材料进行粘接。最后，待干，养护，妥善保存剩余胶黏剂，但不能返还至包装容器中。

2. 施工要点

1）瓷砖胶。将胶黏剂倒入清水中搅拌成膏状，一般应先加水再倒入粉剂，搅拌时可使用人工或电动搅拌机。混合比例为胶黏剂：水＝4：1，必要时可以掺入促凝剂、增稠剂等。充分拌和后以完全无粉团为合格，搅拌完毕后需静置约10min后简单搅拌即可使用。铺装胶黏剂时，应采用齿型刮板将胶浆涂于铺装界面上，使之均匀分布，并形成一条条齿状，铺装厚度为2～3mm。每次涂布约1m²左右，然后在晾置时间内将块材揉压于上即可。如果瓷砖背面的沟隙较深或石材、瓷砖较大较重，则应在铺装界面与砖材背面同时涂上胶黏剂。粘贴块材的面积一般应不大于500mm×500mm，厚度不大于15mm。

2）AB型干挂胶。应使用混合点胶器，点胶的距离为200～300mm，块材背面与铺装界面相对应的部位都应点胶。点胶后5min内将块材对压至相应界面上，并及时微调，24h后才能完全固化，取出的胶黏剂应在2h内用完。AB型干挂胶必须严格按重量比混合，每次点胶量以200g为佳，用量过多或过少均会影响铺装效果（见图7-29）。

3）云石胶。胶和固化剂的配比量在100：2~100：4之间综合性能最好。并

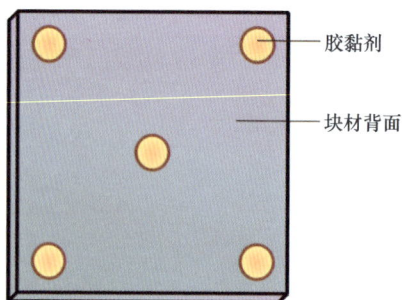

图 7-29　块材背后点胶

不是固化剂配比量越大越好，如果超过此配比量，会造成云石胶凝固过快，从而出现没有黏结强度，固化物松散，固化物变黄，不透明等现象，造成废品。配比量在100：2~100：4之间，固化剂越多固化速度越快8~16min。请在使用中，先进行小试，根据个人所需要的时间来掌握好添加量之后，再进行批量生产操作，从而达到最佳的使用效果。如果配比在100：10的范围内，固化剂的多少对固化物硬度没有太大影响。

4）填缝剂。调配比例一般为填缝剂：水＝4：1，将清水加入填缝剂中调成膏状，静置10min后，再简单搅拌即可使用。待24h后用干燥抹布进一步清洁，固化后的填缝剂有防水功能（见图7-30）。

5）环氧树脂胶黏剂。一般将A、B两种胶混合至点胶器中（见图7-31），注入粘接面，或将胶黏剂与硬化剂均匀混合后，用竹片、抹刀或刷子涂装在基层表面，涂装厚度依其需要而定，然后将接触表面合拢轻压即可。

6）玻璃胶黏剂。应使用配套打胶器（见图7-32），并可用抹刀或木片修整其表面。酸性胶、中性透明胶的固化时间为5～10min，中性彩色胶一般应在30min内。玻璃胶的固化时间随着黏结厚度增加而增加。玻璃胶黏剂未固化前可用布条或纸巾擦掉，固化后则须用美工刀刮去或用二甲苯、丙酮等溶剂擦洗（见

图 7-30　填缝剂填补

图 7-31　混合点胶器

图7-33）。酸性玻璃胶在固化过程中会释放出刺激性气体，因此一定要在施工后打开门窗。

图 7-32　打胶器施工

图 7-33　硅酮玻璃胶黏剂封闭边缘

7）壁纸胶。调配胶浆时需要塑料筒与搅拌棍，边搅动边将胶粉逐渐加入胶水或清水中，直至胶液呈均匀状态为止。原则上是壁纸越重，胶液的加水量越小，不能用温水或热水，否则胶液将结块而无法搅匀。搅拌好的胶浆中加入胶粉会结块而无法再搅拌均匀。胶液不宜太稀，而且上胶量不宜太厚，否则胶液容易从接缝处溢出而影响粘贴质量。如果条件允许，可以采用涂胶器来施工，其涂装质量会更好（见图7-34）。

8）聚氨酯泡沫填充剂。将聚氨酯泡沫填充剂罐摇动至少1min，再将塑料管对准缝隙喷射（见图7-35）。喷射时注意速度，通常喷射量至所需填充体积

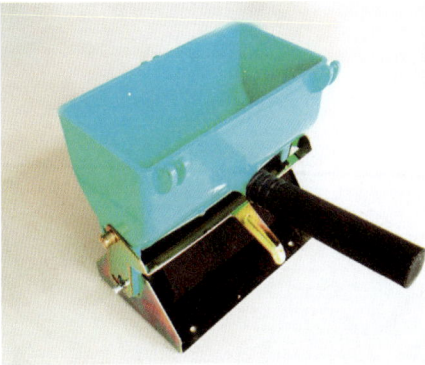

图 7-34　壁纸涂胶器

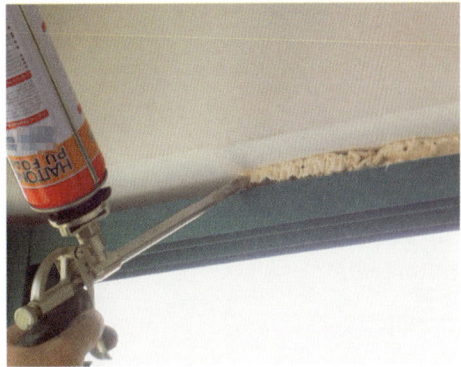

图 7-35　聚氨酯泡沫填充剂施工

的50%即可。待10min左右泡沫表面凝固，一般待2h后才会完全固化，采用美工刀进行切割，切去多余部分泡沫（见图7-36）。最后，根据需要在其表面用水泥砂浆、成品腻子、涂料或硅胶覆盖装饰。

图 7-36　切割整齐

课后练习

1. 收集少量水泥与配料，并按比例调配水泥砂浆与混凝土。

2. 考察水泥混凝土抹灰的装修构造，并绘制详细剖面图。

3. 考察户外装饰混凝土地面，并收集材料、施工的价格。

4. 分析比较各石材胶黏剂的区别于应用。

5. 结合生活常识，指出氯丁胶黏剂的适用范围。

6. 根据课本内容，分析总结胶黏剂的运用规律。

第八章

水电材料

　　在现代装修中，水电施工面积广大，水电材料要保证使用安全，一旦损坏会造成严重的后果，由于不能随意拆卸埋设在墙体中的水电管线设备，维修起来就很困难。水电材料要特别注意质量，除了选用正宗品牌产品外，还要选择优质辅材，配合严格、精湛的施工工艺，才能保证使用安全。

第一节　水路材料

水路材料中的各种规格转角、接头价格较高，应根据设计图纸与施工现场精确计算，按需选购，避免出现浪费。

一、PP-R 管

PP-R管又称为三型聚丙烯管，是采用无规共聚聚丙烯经挤出成为管材，或注塑而成的绿色环保管材。PP-R管专用于自来水供给管道，全面替代传统的镀锌铁管，在装修中用于连通各种用水空间。

PP-R管具有一般塑料管重量轻、耐腐蚀、不结垢、使用寿命长等特点，最主要的是无毒、卫生，不仅用于饮用水管，还可用于中央空调、锅炉地暖的给水管。PP-R管在施工中安装方便，连接可靠，各种管件与管材之间可以采用热熔连接，其连接部位的强度大于管材本身的强度。

PP-R管的规格表示分为外径（DN）与壁厚（EN），单位均为mm。PP-R管的外径一般为 20mm（4分管）、25mm（6分管）、32mm（1寸管）、40mm（1.2寸管）、50mm（1.5寸管）、65mm（2寸管）、75mm（2.5寸管）等。此外还有管材系列S级，用来表示管材抗压级别，单位为MPa。大部分企业生产的PP-R管材有S5、S4、S3.2、S2.5、S2等级别，其中S5级管材能承载1.25MPa（12.5kg）水压，以 25mm 的S5型PP-R管为例，外径 25mm，管壁厚2.5mm，长度一般为3m或4m，也可以根据需要定制，价格为8～12元／m。此外，PP-R管还有各种规格、样式的接头配件（见图8-1），价格相对较高，安装时是一套复杂的体系（见图8-2）。

选购时，观察管材管件外观，所有管材、配件的颜色应该基本一致，内外表面应光滑、平整，无凹凸、气泡与表面缺陷，不应含有可见杂质，管材与各种配件应不透光。用尺测量管材、管件的外径与壁厚，检查是否达到标识的数据，尤其要注意管壁厚度是否均匀（见图8-3）。仔细闻管口，优质产品不应有任何气味。注意观察配套接头配件，优质产品的内螺纹材质应该是不锈钢或铜材，金属与外围管壁的接触应当紧密、均匀，不能有任何细微的裂缝、歪斜等瑕疵。

图 8-1　PP-R 管接头配件

图 8-2　PP-R 管安装

图 8-3　测量管壁

二、PVC 管

PVC管全称为聚氯乙烯管，是由聚氯乙烯树脂与稳定剂、润滑剂等配合后，采用热压法挤压成型的塑料管材（见图8-4和图8-5）。PVC管的抗腐蚀能力强、易于粘接、价格低、质地坚硬，适用于输送温度不大于45℃的排水管道。

图 8-4　软 PVC 管

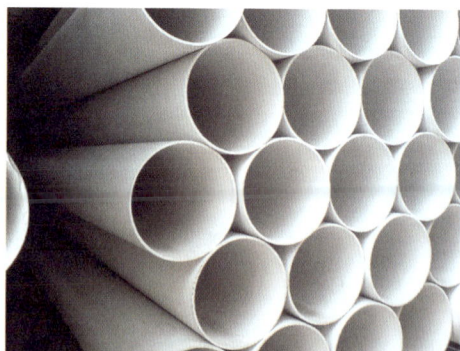

图 8-5　硬 PVC 管

PVC管具有较好的抗拉、抗压强度，管壁非常光滑，对水流的阻力很小，管壁内部的抗压性能不高，一般不大于0.3MPa，仅适用于无水压的排水管。PVC管具有优异的耐酸、耐碱、耐腐蚀性能，不受潮湿空气、水分、土壤酸碱度的影响，管道铺设时不需任何防腐处理。

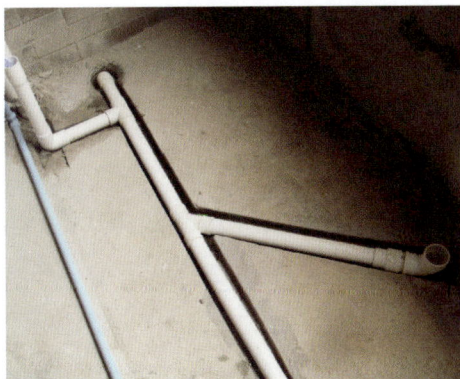

图8-6　PVC管安装

PVC管主要用于污水排放管道，安装在装修空间下部（见图8-6）。PVC管的规格有φ40～φ200等多种，管壁厚1.5～5mm，较厚的管壁还被加工成空心状，隔声效果较好。φ40～φ90的PVC管主要用于连接洗面台、浴缸等排水设备，φ110～φ130的PVC管主要用于连接坐便器、蹲便器等排水设备，φ160以上的PVC管主要用于横、纵向主排水管连接。以φ75的PVC管为例，外部φ75，管壁厚2.3mm，长度一般为4m，价格为8～10元／m。此外，PVC管还有各种规格、样式的接头配件，价格相对较高，也是一套复杂的产品体系（见图8-7）。

选购时，观察PVC管表面的颜色，优质产品一般为白色，管材的白度应该高但不应刺眼。仔细测量管径与管壁尺寸，看是否与标称数据一致。用脚踩压管材，不开裂、破碎为优质产品。还可以用美工刀削切管壁，优质产品的截面质地很均匀，削切过程中不会产生任何不均匀的阻力。

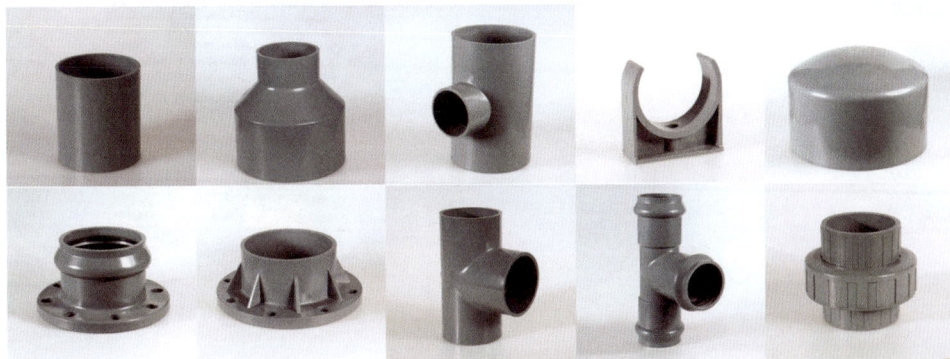

图8-7　PVC管管件

三、铝塑复合管

铝塑复合管又称为铝塑管，具有聚乙烯塑料管耐腐蚀与金属管耐高压的双重优点（见图8-8）。

铝塑复合管是最早替代铸铁管的给水管，具有稳定的化学性质，耐腐蚀，无毒无污染，表面及内壁光洁平整，不结垢，重量轻，能自由弯曲。铝塑复合管最高使用温度为110℃，且铝塑管热膨胀系数小。在工作温度不大于60℃、工作压力不大于0.4MPa的条件下，铝塑复合管的使用寿命可达50年。

铝塑复合管按用途分类可以分为普通饮用水管、耐高温管、燃气管等多种。普通饮用水管为白色L标识，适用于生活用水、冷凝水、氧气、压缩空气等。耐高温管为红色R标志，主要用于水温长期不低于95℃的热水及采暖管道系统（见图8-9）。燃气管为黄色Q标志，主要用于输送天然气、液化气、煤气管道系统。铝塑复合管的常用规格有1216型与1418型两种，其中1216型管材的内径为12mm，外径为16mm，1418型管材的内径为14mm，外径为18mm。长度为50m、100m、200m。价格为1216型铝塑复合管3元／m，1418型铝塑复合管4元／m。

选购时，注意观察外观，优质产品表面色泽与喷码均匀，无色差，中间铝层接口严密，无明显划痕、凹陷、气泡、汇流线等痕迹。垂直裁切一段铝塑复合管，将手指伸进管内，优质管材的管口应当光滑，没有任何纹理或凸凹，裁切管口应无毛边。可以用铁锤等较坚硬的器物敲击管材，如果撞击面变形后能马上恢复至原形，则为优质产品。安装铝塑复合管应采用专用剪钳施工，不能采用锯切方式加工。

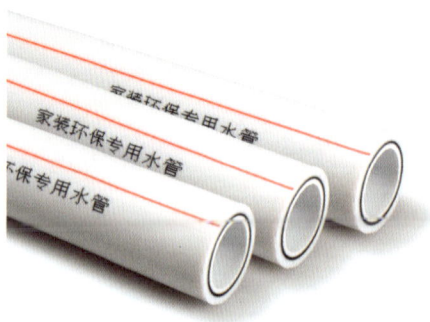

图 8-8　铝塑复合管　　　　图 8-9　铝塑复合管地暖安装

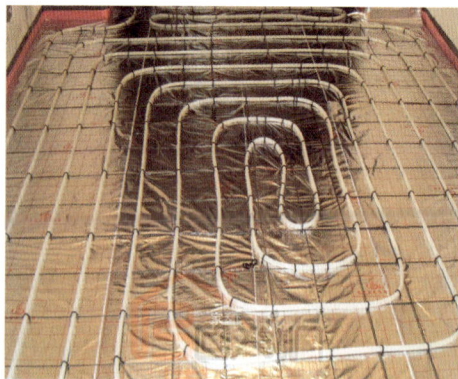

四、铜塑复合管

铜塑复合管又称为铜塑管，是将铜水管与PP-R采用热熔挤制、胶合而成的给水管（见图8-10和图8-11）。铜塑复合管的内层为无缝纯紫铜管，水与紫铜管完全接触。铜塑复合管的外层为PP-R，保持了PP-R管的优点，铜塑管与PP-R管的安装工艺相同，施工便捷。

铜塑复合管适用于各种冷、热水给水管，由于价格较高，还没有全面取代PP-R管。铜塑复合管的规格与PP-R管一致，只是种类不及PP-R管多。铜塑复合管的外径一般为20mm（4分管）、25mm（6分管）、32mm（1寸管）等。不同厂商的产品管壁厚度均不同，但是管材的抗压性能比PP-R管要高很多。以25mm的铜塑复合管为例，管壁厚4.2mm，其中铜管内壁厚1.1mm，长度一般为3m，价格为30元／m。

铜塑复合管的识别选购方法与铝塑复合管一致，施工应采用弯管器，安装方式一般采取焊接式，这与PP-R管的焊接方式相同，在接口处通过氧焊将管材与接头连接在一起，不会发生渗漏。此外，压接是一种新的安装技术，施工时需要特殊工具，安装简单，抗漏水性能与焊接工艺不相上下。

图 8-10　铜塑复合管

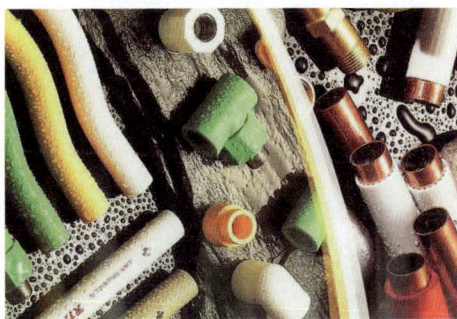

图 8-11　铜塑复合管与配套管件

五、镀锌管

镀锌管是最传统的给水管，在普通钢管的表面镀锌可以用于防锈。使用镀锌管主要是利用其金属材料的强度，常用于穿越楼板、墙体的管道安装，避免管道破损，增强使用寿命（见图8-12）。但是目前不再将镀锌管作为室内生活水管使用，因为管内会产生大量锈垢，造成水中重金属含量过高，严重危害人体的健康。目前，镀锌管只用于煤气管、暖气管或户外给水管（见图8-13）。

图 8-12　镀锌管

图 8-13　镀锌管应用

镀锌管的规格很多，主要有$\phi 20$（4分管）、$\phi 25$（6分管）、$\phi 32$（1寸管）、$\phi 40$（1.2寸管）、$\phi 50$（1.5寸管）等，其每种规格的管材内壁厚度也有多种，以$\phi 25$（6分管）的镀锌管为例，其内壁厚度有1.8mm、2mm、2.2mm、2.5mm、2.75mm、3mm、3.25mm等多种，其中壁厚2.5mm的产品抗压性能可以达到3MPa，价格为20～25元／m。

选购时，识别关键在于管材表面的镀层厚度与工艺，优质产品表面比较光滑、无明显毛刺、扎手感，不能存在黑斑、气泡或粗糙面。管材的截面厚度应当均匀、饱满、圆整，不应存在变形、弯曲、厚薄不均等现象。不能购买已经生锈的管材，否则安装使用后生锈的面积会更大。安装时，需对管材进行固定，每间隔1m左右应该安装1个固定卡件，管材转角、接头等部位的两侧300mm内均应安装固定卡件。

六、不锈钢管

不锈钢管是采用不锈钢制作的给水管材，是目前最高档的给水管，可直接用于饮用水输送（见图8-14）。不锈钢管与铜管相比，内壁更光滑，在流速高的情况下不腐蚀，长期使用不会积垢，不易被细菌沾污，无须担心水质受影响，更能杜绝自来水的二次污染，它的保温性也是铜管的20倍。不锈钢管表面薄而致密的富铬氧化膜，使不锈钢管具有良好的耐腐蚀性，使用寿命可达100年。

目前，我国的不锈钢管刚刚开始流行，在各种材质水管的性能价格比中，最优是不锈钢水管，可以用于各种冷水、热水、饮用水、空气、燃气等管道系统。不锈钢管的规格表示为外径（DN）与壁厚（EN），单位均为mm。不锈钢管的外径一般为ϕ20（4分管）、ϕ25（6分管）、ϕ32（1寸管）、ϕ40（1.2寸管）、ϕ50（1.5寸管）、ϕ65（2寸管）等，其每种规格管材的壁厚也有多种规格。不锈钢管长度为6m，以ϕ25（6分管）的镀锌管为例，其壁厚有0.8mm、1mm等多种，其中壁厚1mm的产品抗压性能可以达到3MPa，价格为30～40元／m。此外，不锈钢管还有各种规格、样式的接头配件，价格相对较高（见图8-15）。

图 8-14　不锈钢管

图 8-15　不锈钢管接头管件

选购时，观察管材管件内外表面应光滑、平整，无凹凸，无气泡与其他缺陷。测量管材、管件的外径与壁厚，应与管材表面标识参数一致，尤其要注意管材的壁厚是否均匀。可以用手指伸进管内，优质管材的管口应当光滑，没有任何纹理或凸凹，裁切管口应无毛边。观察配套接头配件，不锈钢管的接头配件应当为固定配套产品，且为同等型号的不锈钢，每个接头配件均有塑料袋密封包装。不锈钢管的安装一般采取压接工艺，施工时需要使用特殊工具（见图8-16），安装简单，

图 8-16　不锈钢管剪钳

抗漏水性能优良。如果准备选购不锈钢管，那么安装一般应全部交给不锈钢管的经销商，其属下的施工员会更熟悉产品的安装工艺。

七、编织软管

编织软管是采用橡胶管芯，在外围包裹不锈钢丝或其他合金丝制成的成品给水管。编织软管两端预制加工成螺纹接口，可以直接安装在各种水龙头、用水设备、管道接口上，使用方便（见图8-17）。

图8-17　编织软管

编织软管的规格一般以长度来判断，主要为400~1200mm，间隔100mm为一种规格，其外径为18mm左右，具体测量数据根据产品质量存在一定偏差。常用的长600mm编织软管价格为10~15元／支。

选购时，观察管身表面的编织效果，优质产品具有不跳丝、不断丝、不叠丝，编织样式交织的密度越高越好。观察螺帽、内芯是否为纯铜配件，铜螺帽的工艺是否是经过抛光镀铬，表面是否有毛刺，其冲压效果是否粗糙等。此外，仔细闻编织软管的两端是否会发出刺鼻性气味。用

图8-18　扭曲管身

手将编织软管弯曲，观察其弯曲性能，优质产品弯曲有一定阻力，但是不影响施工，且弯曲后能迅速还原，管材不会产生任何变形、收缩、断裂现象（见图8-18）。

八、不锈钢波纹管

不锈钢波纹管又称为不锈钢软管，是一种柔性耐压管材。将不锈钢冲压成凸凹不平的波纹形态，可以利用其自身的转折角进行弯曲，安装在给水管末端接头与用水设备之间，能补偿固定给水管的长度不足或位置不符，是传统编织软管的全新替代品（见图8-19）。

不锈钢波纹管具有良好的柔韧性、耐蚀性、耐高温性、耐磨损性、抗拉性、防水性，并具有优良的电磁屏蔽性能。不锈钢波纹管能自由弯曲成各种角度与曲率半径，在各个方向上均有同样的柔软性与耐久性，管材弯曲后其形体不会自动还原。在潮湿或恶劣环境中，可以选用包塑不锈钢波纹管，它是在常规不锈钢波纹管表面包裹1层彩色阻燃聚氯乙烯材料，可以提高管材的耐候性（见图8-20）。不锈钢波纹管的规格一般以长度来判断，主要有200～1000mm多种规格，间隔100mm为一种规格，其外径为18mm左右，具体测量数据根据产品质量存在一定偏差。常用长500mm的不锈钢波纹管价格为15～30元／支。

选购时，观察管身表面的波纹形态，优质产品具有波纹均匀、整齐、光亮等效果，波纹节距的间距相等。观察管身编制材质是否为不锈钢，不锈钢牌号越高则说明抗腐蚀能力越强。观察螺帽、内芯是否为不锈钢配件，螺帽的工艺是否为抛光，表面是否有毛刺等，其冲压效果是否粗糙。用手将不锈钢波纹管弯曲，优质产品弯曲有一定阻力，且弯曲后能定型而不会还原，波纹节距过渡自然，管材自身更不会产生任何变形、收缩、断裂的现象。

图 8-19　不锈钢软管

图 8-20　包塑不锈钢波纹管

九、水龙头

水龙头又称为水阀，是用来控制水流的开关、大小的装置，具有节水功效。在装修中，水龙头的使用频率最高，产品门类丰富，价格差距很大，普通产品价格50~200元/支不等，高档产品甚至达到上千元/支。

此外，还有用于给水软管上游安装的小型水龙头，又称为三角阀，是用于控制分支用水设备的水流开关。三角阀的内部管径为15mm，外部安装为ϕ20（4分管）或ϕ25（6分管），适用水压力不大于1MPa，水温不大于90℃的冷热水。三角阀表面有蓝色标记的为冷水阀，有红色标记的为热水阀，两种产品材质相同，标记不同颜色的目的是为了区分冷暖，便于安装、检修识别（见图8-21）。当水压过小或过大时，可以适度调节三角阀。如果水龙头、给水软管、用水设备损坏时，可以将三角阀关闭后检修，不必触动总水阀，不影响其他用水设备。三角阀价格一般为20~30元/件，少数高档品牌产品价格可达100元/件以上。

选购水龙头时，注意观察外观，水龙头外表面一般经过镀铬处理，优质产品表面应呈乌亮如镜，色泽均匀，用手摸无毛刺、砂粒（见图8-22）。用手指按一下龙头表面，指纹能很快散开。水龙头的主要部件一般为黄铜铸造，表面电镀层不易腐蚀，可以用小手电筒照射水龙头内部，察看内部材质的颜色（见图8-23）。优质水龙头陶瓷阀芯，开启、关闭迅速，温度调节简便，转动手柄与管身时应感到轻便、无阻滞感（见图8-24）。

图 8-21　三角阀

图 8-22　触摸表面

图 8-23　观察管内

图 8-24　转动管身

十、水路施工

水路施工比较复杂，属于隐蔽施工项目，主要施工内容为给水管施工、排水管安装。

1. 给水管施工

1）施工方法。给水管安装构造如图8-25所示，其施工方法如下：首先，察看施工环境，找到给水管入口，根据设计要求放线定位。然后，在空间界面上开凿穿管所需的孔洞与暗槽，根据开槽尺寸对给水管下料并预装。接着，仔细检查管道布局，正式热熔安装，并采用各种预埋件与支托架固定管材。最后，采用打压器为给水管试压，用水泥砂浆修补孔洞和暗槽（见图8-26）。

2）施工要点。安装前还要清理管道内部，保证管内清洁无杂物。水路开槽应该保证暗埋的管道在墙内、地面内不外露。开槽深度应超出管径20mm，管道试压合格后墙槽应用1∶3水泥砂浆填补密实，其覆盖厚度应不小于10mm。冷热水管安装应左热右冷，平行间距应不小于200mm。明装热水管穿墙体时应设置套管，套管两端应与墙面持平。管道布局应横平竖直，各类阀门的安装位置应正确且平正，便于使用和维修，并整齐

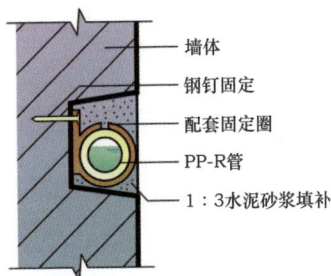

墙体
钢钉固定
配套固定圈
PP-R管
1∶3水泥砂浆填补

图 8-25　给水管安装构造

（a）切割机开槽　　　（b）电锤钻孔　　　　（c）PP-R经过
　　　　　　　　　　　　　安装连接件　　　　　热熔后连接

（f）明装管道要　　　（e）暗装管道布置要　　（d）给水管最好
　　　放线定位　　　　　　符合逻辑　　　　　　布置在吊顶上方

（g）管线槽需要　　　（h）水管布置完后　　　（i）水压不低于
　1：3水泥砂浆封闭　　　要打压测试　　　　　　0.6MPa

图 8-26　给水管施工

美观。不大于20mm给水管道固定管卡的位置应在转角、水表、水龙头、三角阀及管道终端的100mm处。PP-R管安装完成后应进行水压试验，给水管道试验压力不小于0.6MPa。

2. 排水管施工

1）施工方法。首先，察看施工环境，找到排水管出口，根据设计要求放线定位。然后，在地面上测量管道尺寸，对给水管下料并预装。接着，仔细检查管道布局，正式胶接安装，并采用各种预埋件与支托架固定排水管。最后，采用盛水容器为各排水管灌水试验，观察排水能力以及是否漏水，局部可以使用水泥加固管道，下沉空间需用细砖渣回填平整（见图8-27）。

(a) 施工前画线定位

(b) 胶黏剂连接管道

(d) 悬空管道需用水泥砖块固定

(c) PVC管安装

图 8-27　排水管施工

2）施工要点。安装PVC排水管（图8-28）应注意管材与管件连接件的端面一定要清洁、干燥、无油，去除毛边和毛刺。量取管材长度后，对管材进行切割，两端切口应保持平整，锉除毛边并做倒角处理，倒角不宜过大。粘接前必须进行试组装，清洗插入管的管端外表约50mm长度与管件承接口内壁，再

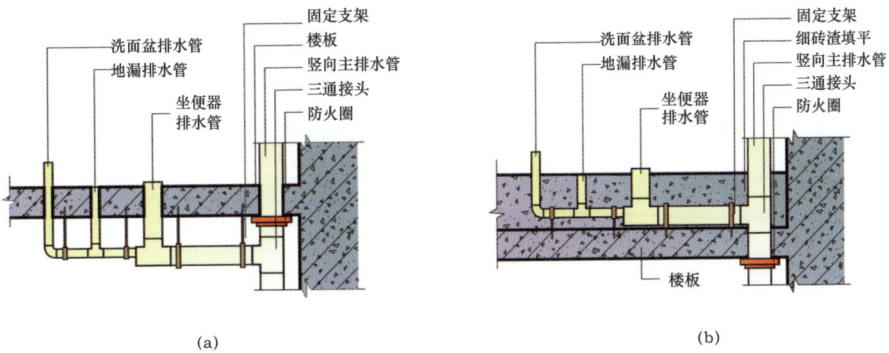

洗面盆排水管	固定支架
地漏排水管	楼板
坐便器排水管	竖向主排水管
	三通接头
	防火圈

(a)

洗面盆排水管	固定支架
地漏排水管	细砖渣填平
坐便器排水管	竖向主排水管
	三通接头
	防火圈

楼板

(b)

图 8-28　PVC 管安装构造
（a）下置排水管；（b）上置排水管

231

用涂有丙酮的棉纱擦洗，然后在两者粘接面上用毛刷均匀地涂上胶黏剂，不能漏涂。涂完立即旋转到理想的组合角度，将管材插入管件的承接口，用木槌敲击，使管材全部插入，及时擦去接合处挤出的胶黏剂。管道安装时必须按不同管径的要求设置管卡或吊架，位置应正确，埋设要平整，管卡与管道接触应紧密，但不能损伤管道表面。采用金属管卡或吊架时，金属管卡与管道之间应采用橡胶等软物隔垫。PVC管穿越墙体时要在外围套上金属管，穿越混凝土楼板时要增加防火圈（见图8-29和图8-30）。

图8-29　管道布置应尽量简洁

图8-30　PVC管防火圈

补充要点

PP-H、PP-B、PP-R管的区别

目前市场上出现了一些PP开头的管材、管件，给选用造成困难。其实在国际标准中，聚丙烯冷热水管分为PP-H、PP-B、PP-R等3种。

PP-H管又称为均聚聚丙烯管，管材具有均匀细腻的晶型结构，具有极高的化学稳定性与耐高温性，广泛应用于冶金加工与化工行业的耐腐蚀性介质输送，它比PP-R管的耐高温、抗腐蚀、抗老化质量更优异，且产品价格也更高。

PP-B管又称为嵌段共聚聚丙烯类管，价格比较便宜，管材耐热、耐压性能与PP-R管的差距很大。如设计压力为0.6MPa，25mm的管材，PP-R管壁厚3.5mm，PP-B管壁厚度达到5.1mm。由于壁厚太厚，在实际施工中的安装条件也要高很多，造成施工成本高，且不能与PP-R管混合使用。

紫铜管

紫铜管又称为铜管，是一种压制或拉制而成的无缝有色金属管，是制作铜塑复合管的核心材料（见图8-31）。紫铜管具有重量较轻、导热性好、低温强度高、坚固且耐腐蚀的特性，成为现代自来水管道、供热、制冷管道的首选产品。

图 8-31　紫铜管

紫铜管安装经济，由于铜管容易加工与连接，且紫铜管很轻便，使其在安装时可以节省材料与人工费，稳定性可靠，紫铜管的运输费用更小，维护更容易，占用空间更小。紫铜管可以改变形状，可以任意弯曲、变形，可以随意加工成弯头与接头，光滑的表面允许紫铜管以任何角度弯折。连接后安全系数高，不渗漏、不助燃、不产生有毒气体、耐腐蚀。

地漏

地漏是连接排水管道与室内地面的接口材料，是用水空间中地面的排水设备。地漏按功能可分为直落式与防臭式，直落式结构简单，价格低廉，一般用于户外；防臭式带有水封，价格较高，能有效防止排水管中的气体回流，一般安装在室内。优质地漏大多数带水封，对于不带水封的地漏，如果安装在室内，应在地漏排出管制作存水弯。地漏的规格一般为80mm×80mm，带水封的不锈钢地漏价格为20~30元／件，高档品牌产品可达50元／件。

第二节　电路材料

电路材料主要是指各种电线与配套产品，电缆一般有2层以上绝缘层，为多芯结构，长度一般大于100m／卷。完整的电线布设主要由导体、绝缘层、屏蔽层与保护层等4部分组成。导体是电线电缆的导电部分，用来输送电能。绝缘层是在电气上将导体与其他物质隔离，保证电能安全输送。屏蔽层主要用于信号线的外围包裹，能有效防止电源信号不受干扰。保护层是保护电线免受外界损坏。普通单股电线一般只有导体与绝缘层，护套电线会增加保护层，而信号线根据不同功能带有屏蔽层。

一、单股电线

单股电线即单根电线（见图8-32）。为了方便区分，单股电线的PVC绝缘套有多种颜色，如红、绿、黄、蓝、紫、黑、白与绿黄双色等，在同一装修工程中，选用电线的颜色及用途应一致。

单股电线都以卷为计量，每卷线材的长度标准为50m或100m（见图8-33）。单股电线的粗细规格一般按铜芯的截面面积来划分，普通照明用线选用 $1.5mm^2$，插座用线选用 $2.5mm^2$，大功率电器设备的用线选用 $4mm^2$，超大功率电器可选用 $6mm^2$ 以上的电线。长度100m时，$1.5mm^2$ 的单股单芯线价格为100～150元／卷，$2.5mm^2$ 价格为200～250元／卷，$4mm^2$ 价格为300～350元／卷，$6mm^2$ 价格为450～500元／卷。此外，为了方便施工，还有单股多芯线可选择，其柔软性较好，但同等规格价格要高10%左右。

选购时，单股电线表面应光滑，不起泡，外皮有弹性，优质电线剥开后铜芯有明亮的光泽，柔软适中，不易折断。优质电线的铜芯为紫红色，有光泽、手感软，伪劣产品为紫黑色、偏黄或偏白，杂质较多，韧性不佳，稍用力或多

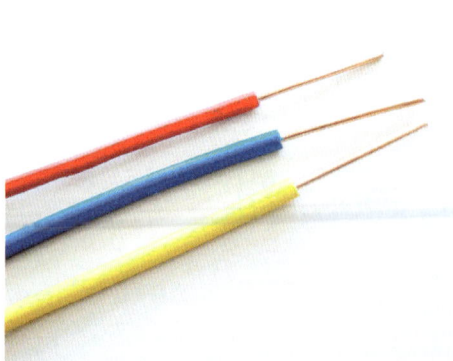

图 8-32　单股电线

图 8-33　单股电线卷

次弯折即会折断。可以用美工刀将电线一端剥开长约10mm，切开优质电线绝缘层时会感到阻力均匀。将铜芯在较厚的白纸上反复磨画，如果白纸上有黑色物质，说明铜芯中的杂质较多。还可以用打火机燃烧电线的绝缘层，优质产品不容易燃烧，离开火焰后会自动熄灭，而伪劣产品遇火即燃，离开火焰后仍然燃烧，且有刺鼻的气味。

二、护套电线

护套电线是在单股电线的基础上增加了1根同规格的单股电线，即成为1个独立回路，这2根单股电线即为1根火线（相线）与1根零线，部分产品还包含1根地线，外部包裹有PVC绝缘套统一保护。护套电线安装时可以直接埋设到墙内，使用方便（见图8-34）。

护套电线外部都标有字母，分别代表不同意义，如ZR（阻燃）、NH（耐火）、WDZ（低烟无卤）、TH（湿热地区用）、FY（防白蚁）等。又如BVVR

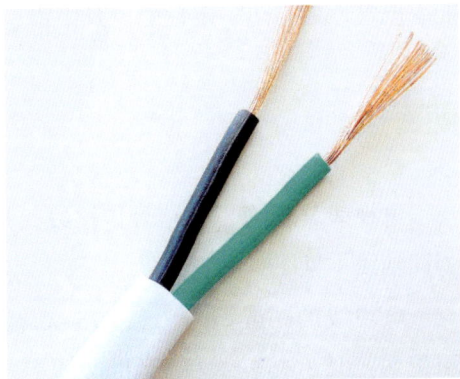

图8-34　护套电线

表示铜芯电线（B），聚氯乙烯绝缘（V），聚氯乙烯护套（V），软质（R）。

护套电线的使用比较简单，无须组建回路，也不需要外套PVC管，适用于中小型空间快速装修。护套电线都以卷为计量，具体规格、应用与单股电线一致。1.5mm²的护套电线价格为300~350元/卷，2.5mm²价格为450~500元/卷，4mm²价格为800~900元/卷，6mm²价格为1000~1200元/卷，每卷100m。护套电线的识别选购方法与单股电线一致。

三、电话线

电话线是指电信工程的信号传输线。电话线主要有双绞电话线与普通平行电话线，前者主要作用在于提高了传输速度，并降低了杂音与损耗。

电话线表面绝缘层的颜色有白色、黑色、灰色等，其中白色较常见。外部绝缘材料采用高密度聚乙烯或聚丙烯，内导体为裸铜丝，常见有2芯与4芯两种产品，2芯电话线用于普通电话机，4芯电话线用于视频电话机。内部导线规格为$\phi 0.4$与$\phi 0.5$，部分地区为$\phi 0.8$与$\phi 1$。电话线的包装规格为100m／卷或200m／卷，其中4芯全铜电话线价格为150～200元／卷。

选购时，应关注导线材料，导线应采用高纯度无氧铜，其传输衰减小，信号损耗小，音质清晰无噪，通话无距离感。高档品牌产品多采用透明护套，能耐酸、碱腐蚀、防老化，且使用寿命长。透明护套还具有良好的机械物理性能、电气性能与热稳定性能，其中铅、镉等重金属与重金属化合物的含量极低。

四、电视线

电视线又称为视频信号传输线，是用于传输视频与音频信号的线材，一般为同轴线（见图8-35）。

电视线的一般型号为SYV75-X，其中S表示同轴射频，Y表示聚乙烯，V表示聚氯乙烯，75表示特征阻抗，X表示其绝缘外径，如3mm、5mm，数字越大线径越粗，传输距离就越远。例如，SYV75-3能正常工作的传输距离为100m，SYV75-5为300m，SYV75-7为500～800m，SYV75-9为1000～1500m。同种规格的电视线有不同价位产品，主要区别在于所用的内芯材料是纯铜还是铜包铝，或外屏蔽层铜芯的绞数，如96编（采用96根细铜芯编织）、128编等，编数越多，屏蔽性能就越好。目前，常用的型号一般是SYV75-5，128编的价格为150～200元／卷，每卷100m。

选购时，注意电视线的编制层是否紧密，越紧密说明屏蔽功能越好，电视信号也就越清晰。也可以用美工刀将电视线划开，观察铜丝的粗细，

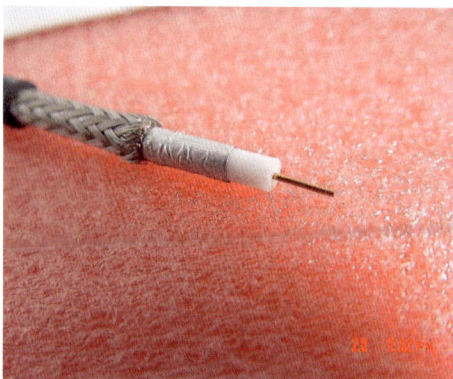

图8-35　电视线

铜丝越粗，其防磁、防干扰性能越好。

五、音箱线

音箱线又称音频线、发烧线，是用来传播声音的电线，由高纯度铜或银作为导体制成（见图8-36和图8-37）。音箱线由电线与连接头两部分组成，其中电线一般为双芯屏蔽电线，常见的连接头有RCA（莲花头）、XLR（卡农头）、TRS JACKS（插笔头）。音箱线用于播放设备、功放、主音箱、环绕音箱之间的连接。

常见的音箱线由大量铜芯线组成，一般为100～350芯，其中使用最多的是200芯与300芯音箱线，200芯就能满足基本需要。如果对音响效果要求很高，要求声音异常逼真等，可以选用300芯音箱线。音箱线在工作时要防止外界电磁干扰，需要增加锡与铜线网作为屏蔽层，屏蔽层一般厚1～1.3mm。常用的200芯纯铜音箱线价格为5～8元／m。

选购时，不能片面追求高纯材料制作的音箱线，价格昂贵但使用效果并不明显，现代音箱线多采用合金材料，不同材料的线材混合使用会在一定程度上调整音色，改善音质。音箱线的选用还要注意音箱与功放之间的位置，功放一般放置在左、右声道音箱之间，两个声道的音箱线应一样长，每声道为2～3m为宜。主音箱应选用300芯以上的音箱线，环绕音箱用200芯左右的音箱线。如果需要暗埋音箱线，同样要穿入PVC管进行埋设，不能直接埋进墙内。

图 8-36　音箱线

图 8-37　音箱线接头

六、网路线

网路线是指计算机连接局域网的数据传输线，在局域网中常见的网线主要为双绞线。双绞线是最常用的传输介质，它采用一对彼此绝缘的金属导线互相绞合来抵御外界电磁波干扰，双绞线名称由此而来。典型的双绞线有4对。

目前，双绞线可分为屏蔽双绞线与非屏蔽双绞线，屏蔽双绞线电缆的外层由铝铂包裹，以减小辐射，但并不能完全消除辐射，价格相对较高。

图8-38　网线钳

非屏蔽双绞线直径小，节省所占用的空间，其重量轻、易弯曲、易安装、阻燃性好，能将近端串扰减至最小或消除。非屏蔽双绞线多为较短的成品网路线，接头制作精美，需要专用工具加工（见图8-38）。

目前运用最多的网路线是超5类线与6类线。超5类线衰减小，串扰少，性能得到很大提高，主要用于千兆位以太网（1000Mbit/s）。6类线的电缆的传输频率为1～250MHz，它提供2倍于超5类线的带宽。6类线的传输性能远高于超5类线标准，最适用于传输速率大于1GMbit/s的应用。目前常用的6类线价格为300～400元／卷。

选购时，要辨别正确的标识，超5类线的标识为cat5e，带宽155MB，是目前的主流产品；六类线的标识为cat6，带宽250MB，用于千兆网。优质产品外层表皮上的印刷文字非常清晰，没有锯齿状，伪劣产品的印刷质量较差，字体不清晰，或呈严重锯齿状。用手触摸网路线，优质产品采用铜材作为导线芯，质地较软，伪劣产品在铜材中添加了其他金属元素，导线较硬，不易弯曲，使用中容易产生断线。可以用美工刀割掉部分外层表皮，使其露出4对芯线，优质产品绕线密度适中，呈逆时针方向，伪劣产品绕线密度很小，方向也凌乱。还可以用打火机点燃，优质产品外层表皮具有阻燃性，伪劣产品一般不具有阻燃性，不符合安全标准。

七、PVC 穿线管

PVC 穿线管是采用聚氯乙烯（PVC）制作的硬质管材，它具有优异的电气绝缘性能，且安装方便，适用于装修工程中各种电线的保护套管，使用率达90%以上（见图8-39）。

PVC穿线管的规格有很多种，内壁厚度一般应不小于1mm，长度为3m或4m。为了在施工中有所区分，PVC 穿线管有红、蓝、绿、黄、白等多种颜色。其中 ϕ 20mm的中型PVC 穿线管价格为1.5～2元/m。为了配合转角处施工，还有PVC波纹穿线管等配套产品（见图8-40），价格低廉，一般为0.5～1元/m。

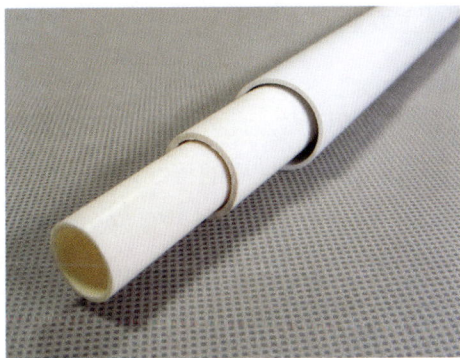

图 8-39　PVC 穿线管

图 8-40　PVC 波纹穿线管

PVC穿线管的选购方法与PVC排水管类似，只是应根据施工要求来选购。如果装修面积较大，一般在地面上布线，要求选用强度较高的重型PVC 穿线管。如果装修面积较小，一般在墙、顶面上布线，可以选用普通中型PVC 穿线管。在转角处除了采用同等规格与质量的PVC波纹穿线管外，还可以选用转角、三通、四通等成品PVC管件。在混凝土横梁、立柱处转角时，可以局部采用编织管套。如果穿线管的转角部位很宽松，还可以使用弯管器直接加工，这样能提高施工效率。

八、接线暗盒

接线暗盒是采用聚氯乙烯（PVC）或金属制作的电路连接盒（见图8-41和图8-42）。现代电路布设都采取暗铺装的方式施工，接线暗盒一般都需要进行预埋

图 8-41　PVC 接线暗盒

图 8-42　金属接线暗盒

安装，成为必备的电路辅助材料。接线暗盒主要起到连接电线，各种电器线路的过渡，保护线路安全的作用。

常用的接线暗盒有86型、120型和其他特殊功能暗盒。此外，还一些特制专用暗盒，仅供其配套产品使用，如空气开关暗盒。不同材质的接线暗盒不宜混合使用，金属材质的暗盒主要用于接地型插座，其防火、抗压性能良好，PVC材质的暗盒的绝缘性能更好，使用面更广，施工时应根据不同环境选用不同材质的暗盒。常用的86型PVC暗盒价格为1～2元／个，具体价格根据质量而不同。

选购时，优质产品一般为白色、米色，质地光滑、厚实，有一定弹性但不变形。将暗盒放在地上，用脚踩压应不变形或断裂。用打火机点燃后无刺鼻气味，离开火焰后会自动熄灭。优质暗盒的螺钉口为螺纹铜芯外包绝缘材料，能保证多次使用不滑扣。而褐色、黑色、灰色产品多为返炼胶制作，且暗盒表面有不规则的花纹，表示其中杂质较多，彼此间没有完全融合。伪劣材料质地较粗糙，且边角部位毛刺较多，用力拉扯暗盒侧壁容易变形或断裂。

九、空气开关

空气开关又称为空气断路器，是指开关触头在大气压力下能分合的断路器，其绝缘介质为空气。空气开关目前被广泛用于500V以下的交、直流电路中，主要起到接通、分断、承载额定工作电流与故障电流。当电路内发生过负荷、短路、电压降低或消失时，能自动切断电路，保护用电设备（见图8-43和图8-44）。

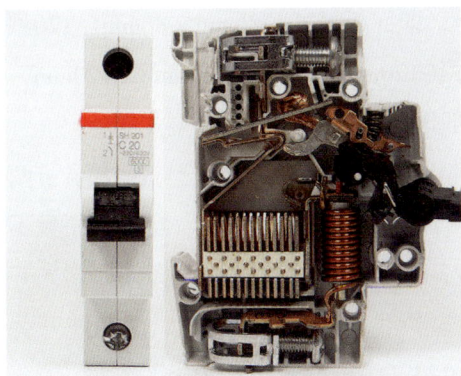

图 8-43　空气开关

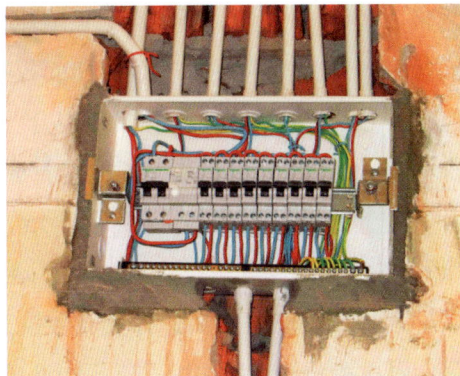

图 8-44　空气开关安装

空气开关的规格与标识比较复杂，目前常用的空气开关有C10、C16、C20、C25、C32等规格，一般而言，1.5mm²的电线配C10空气开关，2.5mm²的电线配C16或C20空气开关，4mm²的电线配C25空气开关，6mm²的电线配C32空气开关。如果常规电线规格太小，应给大功率电器配专用线。常用的小型空气开关，如DZ47 C25空气开关价格为10～20元／个。

选购时，优质空气开关的外壳应坚硬、牢固，棱角锐利，接缝处紧密、均匀、自然。用手开启、关闭开关，具有较强阻力，声音干脆且浑厚，无任何松动感。空气开关背后的接线卡口为纯铜材料，质地厚实。仔细闻空气开关的各部位，优质产品应无任何刺鼻气味。由于空气开关的型号、规格很多，具体购买型号应根据电路施工员的要求来确定，不能凭主观印象购买，避免型号、规格不适用造成不必要的浪费。

十、开关插座面板

开关插座面板是控制电路开启、关闭的重要构造，是电路材料的重点，开关插座面板价格相差很大，品牌繁多，从产品外观上看并没有多大区别，但是内部质量相差却很大。

1. 普通开关插座

普通开关插座的运用最多，主要分为常规开关、常规插座、开关插座组合等多种形式（见图8-45）。在现代装修中多采用暗盒安装，普通开关插座面板的规格为86型、120型。其中86型是国际标准，即面板尺寸约86mm×86mm。120型面板一般都采用模块化安装，即面板尺寸约120mm×60mm或120mm×120mm，可以任意选配不同的开关、插座组合。一般国际品牌产品多为86型。

普通开关插座背后都有接线端子，常见有传统的螺丝端子与速接端子两种，前者需要螺丝刀固定（见图8-46），后者采用弹簧夹住电线，简单方便且不会脱落。开关的种类很多，一般应根据空间位置与使用习惯来选择，如调光开关、触摸延时开关、调速开关、数控开关、拉线开关、智能开关、多功能开关等。开关的价格差距很大，常规86型单联单控开关价格为10～20元／个。

图 8-45　开关插座面板正面

图 8-46　插座面板背面接线端子

插座一般有2孔、3孔、5孔等，由于多功能插座的孔比较大，为了使用安全，一般都设有保护门，里面的金属部件被塑料片遮挡，起到安全保护作用。插座内的夹片为铜质，多以强力挤压的方式与插头紧密结合，使插头不易脱落，还可消除长时间使用发热的问题，能有效减少断电事故的发生。常规86型3孔插座价格为10～20元／个。

2. 智能开关

智能开关是指能接受各种感应信息，经过内置芯片分析后控制开关开启、关闭的装置，主要分为红外感应开关、声音感应开关、触摸感应开关、遥控开关等4种。

红外感应开关是当有人从红外感应探测区域经过而能够自动开启、关闭的开关，一般用于面积较小且功能单一的空间，主要用来控制照明、换气等常规电器设备，能做到人到灯亮，人离灯熄，安全节能（见图8-47）。声音感应开关又称为声控开关，是利用声响效果激发拾音器进行声电转换，控制用电设备自动开启、关闭的开关，当人在附近发出声响（如踩脚、喊叫等），就能立即开启灯光或电器设备（见图8-48）。触摸感应开关又称为轻触开关，是依靠人体手指、皮肤轻触即可控制照明或电器设备开启、关闭的智能开关（见图8-49）。以上3种开关价格一般为20～30元／个，集成多种照明、电器，甚至带有遥控功能的品牌产品价格较高，一般为100～200元／个。

图 8-47　红外感应开关

遥控开关是采用无线遥控技术来控制照明与电器设备开启、关闭的开关，通过遥控器操作，按下遥控器上的按键0.5s左右，即可控制开关（见图8-50和图8-51）。遥控开关除了用于常规照明外，还可以用于大门开关，整体价格较高，一般为100～200元／个。在使用中，遥控开关可能受到环境影响而不能正常使用，如发射功率、距离、阻挡物等。

3. 地面插座

地面插座是专用于地面安装的插座，一般为多功能插座。地面插座盒内安装有多个插座的面板，面板固定在基座盖套里，其总体高度可调。地面插座内一般具有多个插座，可多路接线，功能多、用途广、接线方便（见图8-52和图

图 8-48　声音感应开关

图 8-49　触摸感应开关

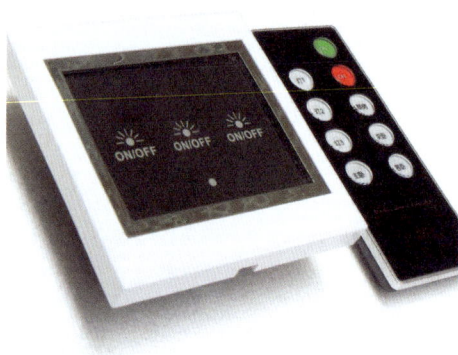

图 8-50　遥控开关（一）

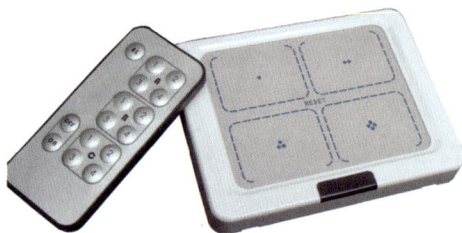

图 8-51　遥控开关（二）

8-53）。常用插座模块为120型，可安装各种常规电源插座、电视插座、网线插座、音箱插座、电话插座等。

　　地面插座一般安装在空间面积较大的地面上，如客厅茶几下部，商场柜台下部等，方便各种电器设备随时取电。地面插座的表面规格为120mm×120mm，地面暗盒规格为100mm×100mm×55mm，一般采用金属暗盒。常用的5孔电源地面插座价格为60～100元／个。

　　选购时，要注意识别质量，优质面板多采用PC（防弹胶），颜色为象牙白，普通产品多为ABS（工程塑料），颜色为苍白，劣质产品多采用普通塑料，颜色较灰暗。优质产品在开关时比较有阻力感，而普通产品则非常软，甚至经常发生开关停在中间位置的现象，容易造成安全隐患。优质产品的内部插片或拨片

图 8-52　地面插座（一）

图 8-53　地面插座（二）

应为紫铜（见图8-54），颜色偏红，质地厚重，较差的产品多采用黄铜，偏黄色，质地软且易氧化变色。如果材质黄中泛白，则表明含铜量较低，甚至有可能是以铁充铜。鉴别是否为镀铜铁片可以使用磁铁吸引，能吸住的是铁片，采用镀铜铁片的产品极易生锈变黑。

图 8-54　观察拨片

十一、电路施工

电路施工注重安全性，施工前要经过准确计算，绘制电路施工图，明确电路分配方式，主要施工内容为电线布设施工、开关插座面板安装。

1. 电线布设施工

1）施工方法。首先，根据完整的电路施工图现场草拟布线图，放线定位，用铅笔在墙面上标出线路终端插座、开关面板的位置，对照图纸检查是否有遗漏。然后，在空间界面上开线槽，埋设暗盒及敷设PVC电线管（图8-55），将单股线穿入PVC管。接着，安装空气开关、各种开关插座面板、灯具，并通电检测。最后，根据现场实际施工状况完成电路竣工图，备案并指导进一步施工（见图8-56）。

2）施工要点。布线时应执行电源线在上，信号线在下，横平竖直，避免交叉，美观实用的原则。使用切割机开槽时深度应当一致，一般要比PVC管材的直径要宽10mm，PVC管应用管卡固定，接头均用配套产品，用PVC胶黏剂粘牢。PVC管安装好后，统一穿电线，同一回路的电线应穿入同一管内，但管内总根数应不超过8根，电线总截面积（包括绝缘层）不应超过管内截面积的40%，暗线敷设必须配阻燃PVC管。当

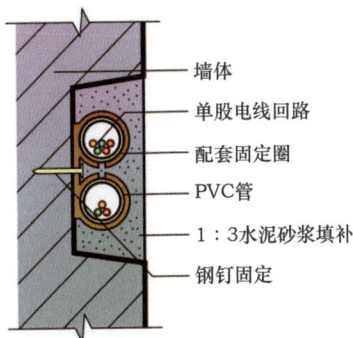

墙体
单股电线回路
配套固定圈
PVC管
1:3水泥砂浆填补
钢钉固定

图 8-55　PVC 穿线管布设

（a）按照设计要求放线定位	（b）地面切割线槽要保持平整	（c）墙面切割线槽深度需一致
（f）电视背景墙内的电线预埋粗PVC管	（e）零线、相线分开分色布置	（d）地面管线分布要合理
（g）电线暗盒安装要严谨	（h）弱电箱要布置在较低处	

图 8-56　电线布设施工

管线长度大于15m或有两个直角弯时，应增设拉线盒，盒内的线头要留有150mm左右余量，接头搭接应牢固，绝缘带包缠应均匀紧密。保护地线为2.5mm²的双色软线，导线间和导线对地间电阻必须大于0.5Ω。电源线与信号线不能穿入同一根管内，两者水平间距应不小于300mm。电线与暖气、热水、煤气管之间的平行距离应不小于300mm，交叉距离应不小于100mm。

2. 开关插座面板安装施工

1）施工方法。首先，检查已安装完毕的接线暗盒、电线、空气开关等，及时调整、修理不妥部位。然后，拆开面板取出螺钉，将预留电线分别接入端子并固

246

定。接着，将电线弯折整齐，放入接线暗盒中，采用螺丝将面板固定至暗盒上。最后，调整面板的水平度，固定螺钉，并装上面板盖（见图8-57）。

(a) PVC穿线管布设　　　　(b) 连接线路　　　　(c) 安装固定

图 8-57　开关插座面板安装

2）施工要点。安装电源插座（图8-58）时，面向插座的左侧应接零线（N），右侧应接火线（L），中间上方应接保护地线（PE）。开关安装高度应距地面1.3m，拉线开关离地面安装高度为2m。明装插座离地面安装高度为1.3~1.5m，暗装插座离地面高度为0.3m。安装在台面、桌面上的开关插座应距离其表面0.15~0.3m。在较大的室内

图 8-58　开关插座面板安装

空间墙面上，应在水平间距3.6m左右安装1个插座。同一室内的插座面板应在同一水平标高上，高差小于5mm。安装开关插座面板及灯具宜安排在最后一遍乳胶漆之前。暗盒内的剩余电线长度应不大于100mm，多余部分应剪断，将过长的电线弯折后会导致电线积热，容易引起火灾。

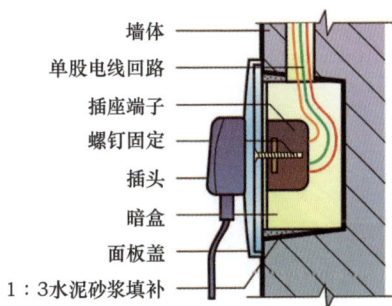

预防电线绝缘层损坏

在电路使用中，常会出现电线短路、烧断、老化等损坏现象。因此在使用中，应注意电器的使用功率，大功率电器在普通电线上长时间运行会加大电流，而造成电线绝缘层温度过高，容易导致损坏。不要让电线受潮、受热、受腐蚀或碰伤、压伤，尽可能不让电线通过温度高、湿度大、有腐蚀性蒸气或气体的空间，电线通过容易碰伤的地方要妥善保护。定期检查维修线路，有缺陷要立即修好，陈旧老化的电线必须及时更换，确保线路安全运行。

金属穿线管

金属穿线管是指采用不锈钢、普通碳钢制作的穿线管，能有效保护电线的布设与使用安全。

不锈钢穿线管多为304型或301型波纹管，具有良好的柔软性、耐蚀性、耐高温、耐磨损性、抗拉性。不锈钢穿线管可用于转角、变形的局部墙、顶面，适用于潮湿空间，或裸露在外部，依靠不锈钢质地作局部装饰。

碳钢穿线管为Q235型有缝钢管，自身强度较大，配有各种专用管件。碳钢穿线管具有优良的机械性能与抗腐蚀性能，耐压强度高，热膨胀系数小，不收缩变形。碳钢穿线管不能在特别潮湿，且有酸、碱、盐腐蚀或有爆炸危险的空间使用，使用环境温度为−15～40℃。

课后练习

1. 分析比较多种水管材料特性与应用，总结出合理的选用规律。

2. 收集5种水管样本，熟记品种名称与质地特征。

3. 根据课本内容，分析水路施工重点、难点。

4. 收集5种电线样本，熟记品种名称与质地特征。

5. 考察某品牌快餐厅内部装修，绘制顶面灯具电路图。

第九章

五金型材

　　成品型材在装修中能起到提高效率，美化构造的作用，除了装饰还具备承载力，尤其是金属材料强度高，表面光洁明亮，金属原色能展现设计个性。识别成品型材的关键在于认清材质名称，观察材料厚度，辨析饰面涂层，同时在装修中也不能完全依赖成品型材，避免价格过高造成不必要的浪费。

第一节　金属型材

金属材料在基础装修工程中主要起到强化构造连接的作用，一般包括各种型钢、轻钢材料。

一、型钢

型钢又称为重钢、钢材，是具有一定截面形状与尺寸规格的钢质型材。用于装修的型钢按其断面形状又可分为工字钢、槽钢、角钢、钢管、钢板、钢筋等，型钢的密度为7.85kg／m³。

型钢便于机械加工、结构连接与安装，还易于拆除、回收。与混凝土相比，型钢加工所产生的噪声小、粉尘少、自重轻。待建筑结构使用寿命到期后，结构拆除后，产生的固体垃圾量小，废钢资源回收价值高。型钢构造的施工速度约为混凝土构造的2～3倍。

1. 工字钢

工字钢又称为钢梁，是截面为工字形的长条型钢，其规格以腰高×腿宽×腰厚尺寸来表示（见图9-1和图9-2），如工160mm×88mm×6mm，即表示腰高160mm、腿宽88mm、腰厚6mm的工字钢。工字钢的规格也可用型号表示，型号表示腰高的厘米数，如工16。腰高相同的工字钢，如有几种不同的腿宽与腰厚，需在型号右边加a、b、c予以区别，如Ⅰ22a、Ⅰ22b等。

图9-1　工字钢

图9-2　直角工字钢

在装修中，工字钢一般用于架空楼板的立柱、横梁，悬挑楼板的挑梁，或用于加强建筑构造的支撑结构，对于室内净空较高的空间，一般都会采用工字钢作为架空层的基础构件，使用时要注意精确计算承载力荷，防止原有楼板坍塌而造成装修事故。工字钢除了上述截面规格外，长度一般为6m，具体价格按重量计算，根据国际市场行情不断变化，优质产品的价格一般为7000～10000元／t。

2. 槽钢

槽钢是截面为凹槽形的条形型钢（见图9-3）。槽钢规格的表示方法，如120mm×53mm×5mm，即表示腰高120mm、腿宽53mm、腰厚5mm的槽钢，或12号槽钢。腰高相同的槽钢，如有几种不同的腿宽与腰厚也需在型号右边加a、b、c予以区别，如20号a、20号b等。

槽钢分普通槽钢与轻型槽钢，热轧普通槽钢的规格为5～20号。在相同的高度下，轻型槽钢比普通槽钢的腿窄、腰薄、重量轻，5～16号槽钢为中型槽钢，18～40号为大型槽钢。在装修中，选用槽钢的方式与工字钢基本一致。槽钢一般用于辅助架空楼板的立柱、横梁，悬挑楼板的挑梁，或用于加强建筑构造的支撑结构，槽钢主要辅助工字钢使用。槽钢除了上述截面规格外，长度与价格与工字钢一致。

3. 角钢

角钢又称为角铁，是两边互相垂直形成角形的型钢（见图9-4），有等边角钢与不等边角钢之分。等边角钢的两个边宽相等，其规格以边宽×边宽×边厚来表示。如∟40mm×40mm×4mm，即表示边宽为40mm、边厚为4mm的等边角钢，或

图9-3 槽钢

图9-4 角钢

∟4号。不等边角钢是指断面为角形且两边长不相等的钢材，它的截面高度按不等边角钢的长边宽来计算。不等边角钢其边长由25mm×16mm～200mm×125mm，由热轧机轧制而成，一般不等边角钢规格为∟50mm×32mm～200mm×125mm，厚度为4～18mm。边长小于50mm的为小型角钢，50～125mm的为中型角钢，边长125mm以上的为大型角钢。

在装修中，角钢主要用于大型家具、楼梯、雨棚、吊顶、电器设备等大型构造的支撑构件，或配合槽钢、工字钢作为局部承载补充。角钢除了上述截面规格外，长度与价格与工字钢一致。

4. 钢管

钢管是一种中心镂空的型钢，用钢管制造结构网架、支柱、支架等，可以减轻自身重量，从而降低建造成本，钢管可以代替部分钢材。钢管按生产方法可分无缝钢管与有缝钢管两大类。

1）无缝钢管。是中空截面、周边没有接缝的长条钢材（见图9-5）。无缝钢管采用优质碳素钢或合金钢制成，强度高，用于装修中的各种热水管、暖气管、空调管，也可以用来搭建脚手架等。

2）有缝钢管。又称为焊接钢管，简称焊管，是用钢板或钢带经过卷曲后焊接而成的钢管（见图9-6）。有缝钢管生产工艺简单，生产效率高，品种规格多，强度较高，在装修中主要用作输水管、煤气管、暖气管、电器管等。

此外，钢管按横截面积形状的不同可分为圆形钢管与异形钢管。圆形钢管承载力强，截面面积大，但是在受力条件下，圆管就不及方、矩形管抗弯强度

图 9-5　无缝钢管

图 9-6　有缝钢管

大、一些装修构造的骨架、重型家具等常用方、矩形管（见图9-7）。异形钢管是指各种非圆环形断面的钢管，其中主要有方形管、矩形管、椭圆管、扁形管、平行四边形管、多层管等。

在装修中，钢管一般用于辅助架空楼板的横梁，悬挑楼板的挑梁，重型家具、构造的支撑构件，钢管主要辅助工字钢、槽钢制作构造，钢管的长度与价格与工字钢一致。

5. 钢板

钢板又称为薄钢，是呈板状且外观为矩形的型钢（见图9-8），可直接轧制或由宽钢带剪切而成。钢板按厚度可分为，薄钢板（小于4mm），厚钢板（4～60mm），特厚钢板（60～115mm）。薄钢板的宽度为500～1500mm，厚钢板的宽度为600～3000mm。钢板的规格也可以用厚度来标识，如厚20mm的钢板即为20号。

钢板按轧制工艺分热轧的与冷轧两种，在装修中应用较多的是热轧钢板，一般配合工字钢、槽钢作制作构造，可以起到围合、封闭、承托的作用，但是在高层建筑中不宜大面积使用，避免给建筑增加负担。热轧钢板规格较多，一般厚度2～240mm，宽度1250～2500mm，长度3～12m。

6. 钢筋

钢筋是指配置在钢筋混凝土及构件中的钢条或钢丝的总称（见图9-9和图9-10）。钢筋的横截面一般为圆形或带有圆角的方形。钢筋在各种建筑结构，尤其在混凝土构造中起到核心承载作用。

图 9-7 矩形钢管

图 9-8 沸腾热轧钢板

图 9-9　光面钢筋

图 9-10　带肋钢筋

在装修中，钢筋主要用于浇筑架空楼板、梁柱的骨架材料，根据预先设计要求与承载负荷，选用相应规格的钢筋编制成钢筋网架，最终以浇筑混凝土来完成。多数钢筋的规格为6~12mm，部分粗钢筋为22mm以上，长度多为6m与12m两种。

7. 型钢识别选购方法

型钢价格高，用量大，在选购时要特别注意质量。注意观察型钢表面，如有麻面现象，则是由于生产机械磨损严重引起钢材表面不规则的凹凸不平的缺陷。伪劣型钢的材质不均匀且杂质多，型钢轧辊后易产生结疤、裂纹，表面有毛刺现象。伪劣型钢呈淡红色或类似生铁颜色（见图9-11）。型钢表面一般不能存在分层、结疤、裂缝等有害缺陷，关注尺寸、

图 9-11　伪劣钢管

外形、重量及允许偏差，型钢通常按长度定价，长度允许偏差不大于50mm。型钢端部应裁切平直，局部变形应不影响使用。

对于用量较大的钢筋，可以测试其弯曲性能。将钢筋弯曲180°后，钢筋受弯曲部位表面不能产生裂纹。或先正向弯曲45°后，再反向弯曲45°还原，再反向弯曲45°，钢筋受弯曲部位表面不能产生裂纹。此外，钢筋表面允许有凸块，

但不得超过横肋的高度。

二、轻钢

轻钢是相对型钢而言的金属材料，又称为冷弯型钢，主要采用较薄的钢板或钢带冷弯成型制作，最常用的就是轻钢龙骨与钢丝。

1. 轻钢龙骨

轻钢龙骨是采用冷轧钢板（带）、镀锌钢板（带）或彩色涂层钢板（带）由特制轧机以多道工序轧制而成，它具有强度高、耐火性好、安装简易、实用性强等优点。轻钢龙骨可以安装各种面板，配以不同材质、不同花色的罩面板，如石膏板、吊顶扣板等（见图9-12），一般用于主体隔墙与大型吊顶的龙骨支架。

1）U型龙骨。是指截面形状类似英文大写字母"U"的轻钢龙骨（见图9-13）。吊顶U型轻钢龙骨有38、50、60三种不同的系列。38系列适用于吊点距离0.8～1.0m不上人吊顶；50系列适用于吊点距离0.8～1.2m不上人吊顶，但其主龙骨可承受80kg的检修荷载；60系列适用于吊点距离0.8～1.2m不上人或上人吊顶，主龙骨可承受100kg检修荷载。此外，隔墙U型轻钢龙骨有50、70、100等3种系列，对应不同使用强度。龙骨的承重能力与龙骨的壁厚大小及吊杆粗细有关。

2）C型龙骨。是指截面形状类似英文大写字母"C"的轻钢龙骨（见图9-14）。主要配合U型龙骨，作为覆面龙骨使用，C型龙骨的凸出端头没有U型龙骨的收口转角造型，因此承载的强度较低，但是价格相对便宜，且用量较大，

图9-12　轻钢龙骨吊顶

图9-13　U形龙骨

具体规格与U型龙骨配套。

3）T型龙骨。是指截面形状类似英文大写字母"T"的轻钢龙骨（见图9-15），又称为三角龙骨，自身总量（包括零配件）为1.5kg／m²左右，只作为吊顶专用，造型根据吊顶板材来定制，主要有扣接龙骨与插接龙骨两种，适用于不同吊顶板材。

图9-14　C形龙骨

图9-15　T形龙骨

吊顶龙骨与吊顶板材组成300mm×300mm、600mm×600mm等规格的方格，主要用于室内隔墙、吊顶，可按设计需要灵活选用饰面材料。轻钢龙骨的长度主要有3m与6m两种，特殊尺寸可以定制生产，价格根据具体型号来定，一般为5～10元／m。

选购时，应注意外观质量，龙骨外形要平整，棱角清晰，切口不允许有影响使用的毛刺与变形，镀锌层不许起皮、脱落。优质产品无腐蚀、损伤、黑斑、麻点等缺陷，龙骨表面应镀锌防锈。

2. 钢丝

钢丝是用低碳钢或不锈钢拉制成的金属丝，将炽热的金属坯轧成钢条，再将其拉成不同直径的线材。钢丝生产工艺简单、应用广泛，目前用于装修的钢丝主要有绑扎钢丝与钢丝网。

1）绑扎钢丝。主要用于金属、木质材料固定绑扎（见图9-16），固定作用良好，且施工方法简单，无需采用特殊工具、设备。绑扎钢丝的规格为直径1～4mm，长度为10～50m／卷。直径1.5mm的普通钢丝价格为0.5元／m。

2）钢丝网。是用各种钢丝编织或焊接成网状材料的总称（见图9-17）。钢丝网主要用于墙、地面等的基层铺装，能有效防止水泥砂浆、混凝土等材料表面开裂，起到骨架支撑作用。钢丝网整体宽度为0.9～3m，长度为10m／卷，规格为10mm×10mm×1.5mm的镀锌钢丝网，价格为15～20元／m²。

图9-16　绑扎钢丝

图9-17　钢丝网

选购时，要注意钢丝的镀锌量，一般应选用热镀锌产品。对于钢丝网而言，先焊后镀要比先镀后焊质量要好，由此可以观察钢丝网的交错部位。还可以采用360号砂纸打磨钢丝网表面，如果能轻松磨掉镀锌层则说明质量一般。

三、门窗型材

1. 塑钢门窗

塑钢门窗是采用硬质聚氯乙烯树脂（UPVC）为主要原料，加上稳定剂、着色剂、填充剂、紫外线吸收剂等，经挤出成型材后通过切割、焊接或螺接的方式制成门窗框扇，装配上密封胶条、毛条、五金件等配件而制成的门窗，同时为增强型材的刚性，超过一定长度的型材空腔内需要添加钢衬（加强筋），因而称为塑钢门窗（见图9-18）。

塑钢门窗为多腔式结构，具有良好的隔热性能，其传热性能很小，具有良好的保温效果与耐腐蚀性能。塑钢门窗质地细密平滑，质量内外一致，无须进行表面特殊处理。塑钢门窗一般用于建筑外墙制作，或用于空间分隔、围合（见图9-19）。以5mm厚的普通玻璃为例，塑钢门窗价格为150～200元／m²。

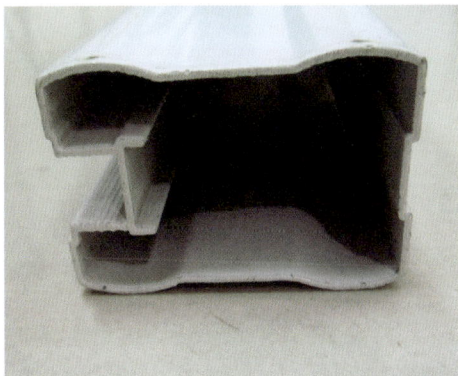

图9-18　塑钢门窗型材样本

图9-19　塑钢门窗阳台

选购时，观察塑钢骨架表面，应光滑平整，无开焊断裂，外观应具有完整的剖面。优质塑钢型材为青白色，雪白的型材防晒能力差，老化速度也快。门窗配套玻璃不能直接接触型材，五金件应配套齐全，位置正确，安装牢固，使用灵活。

2. 铝合金门窗

铝合金门窗是指采用铝合金挤压型材为框、梃、扇料制作的门窗，简称铝门窗。铝合金门窗的设计、安装形式与塑钢门窗一致，只是材质改为铝合金，其中无须加强筋，结构更简单。目前，运用较多的都是彩色铝合金门窗，即在铝合金型材表面增加了彩色镀膜，起到很好的保护与装饰作用（见图9-20）。

铝合金门窗一般采用壁厚1.4mm的高精度铝合金型材制作，门窗扇开启幅度大，采光更充足，可以采用无地轨道设计，吊轮采用高强度优质滑轮，滑动自如、静音顺滑。铝合金门窗一般用于建筑外墙门窗制作，或用于空间分隔、围合（见图9-21）。以5mm厚的普通玻璃为例，铝合金门窗价格为250～400元／m²。

选购时，应测量厚度，优质铝合金门窗所用的铝型材壁厚应不小于1.4mm。同一根铝合金型材色泽应一致，表面应无凹陷、鼓出、气泡、灰渣、裂纹、毛刺、起皮等明显缺陷。采用360号砂纸打磨，看其表面的氧化膜是否会轻易褪色。

图 9-20　彩色铝合金型材样本

图 9-21　铝合金门窗展示

四、金属型材施工

金属型材施工比较复杂，关键在于材料的切割、加工不容易，另外型材价格较高，要注意避免浪费。

1. 型钢楼板施工

型钢楼板是指采用各种样式、规格的型钢与辅材制作的架空楼板，同时这类施工也适用于型钢楼梯、雨篷等相关施工构造（见图9-22和图9-23）。

1）施工方法。首先，清理施工现场，根据使用要求选择相关规格的型钢材料，并参考设计图纸放线定位。然后，裁切下料，根据设计要求预安装，确定无误后再焊接、铆接。接着，锉平凸出焊接点，并涂刷防锈漆。最后，安装护栏、扶手、外部装饰构造，并作清洁养护（见图9-24～图9-26）。

图 9-22　钢结构楼梯

图 9-23　钢结构雨篷

图 9-24　钢结构楼板（一）

图 9-25　钢结构楼板（二）

2）施工要点。型钢规格选用应
该与使用要求相关，立柱一般可选用
Ⅰ25工字钢，间隔3.6～4.8m设置1根，
主跨度用的材料可以采用Ⅰ18～Ⅰ25工
字钢。如果周边墙体是实墙或是承重
墙，可以直接在承重墙上按照型钢的
横截面尺寸，开凿180～250mm深的孔

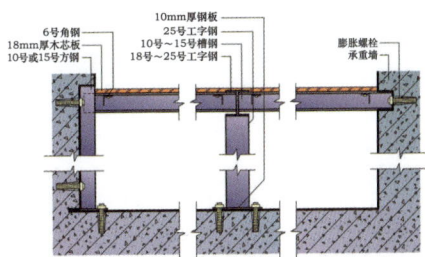

图 9-26　钢结构楼板构造示意图

洞，将钢梁直接埋入孔内，如果周边墙体是普通墙体或非承重墙，可以在墙体
内开出立槽，在槽内预埋进10号或15号方钢，方钢接近地面的底部，必须使用
10mm厚的钢板，切割成180mm×180mm的底板进行焊接。钢架层中间的副梁可
以选用□10～□15槽钢，呈井格状焊接，间隙为600～800mm。采用6∟角钢继续
焊接在槽形钢上，即完成整个钢结构楼板骨架层构造。楼板地面可以用18mm厚
优质木芯板或实木板，用螺钉直接固定在6∟角钢上，作为架空楼板的基层。如
果楼板有更高承重要求，可以继续焊接8～10mm厚钢板。

2. 轻钢龙骨吊顶施工

轻钢龙骨吊顶主要是指采用石膏板、胶合板、扣板等板材制作的吊顶，吊
顶上附有各种灯具、设备，能与吊顶板材平齐安装。

1）施工方法。首先，在顶面放线定位，根据设计造型在顶面、墙面钻孔，
放置预埋件。然后，安装吊杆于预埋件上，并在地面或操作台上安装龙骨架。

接着，将龙骨架挂接在吊杆上，固定后调整水平。最后，在龙骨上钉接石膏板、胶合板，或安装扣板，并对外露钉头做防锈处理，全面检查（见图9-27和图9-28）。

图 9-27　轻钢龙骨石膏板吊顶

图 9-28　轻钢龙骨矿棉板吊顶

2）施工要点。顶面与墙面上都应放线定位，分别弹出标高线、造型位置线、吊挂点布局线和灯具安装位置线。在墙的两端固定压线条，用水泥钉与墙面固定牢固。如需制作弧线造型，仍要使用木龙骨配合。龙骨骨架在顶、墙面都必须有固定件。面板安装前应对安装完的龙骨与面板板材进行检查，板面平整，无凹凸，无断裂，边角整齐。板材与墙面应该完全吻合，有装饰角线的可留有缝隙，板材之间的接缝应紧密，吊顶时应在安装饰面板时预留出灯口位置（见图9-29和图9-30）。

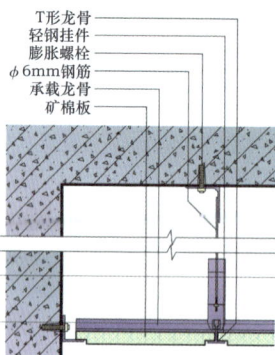

图 9-29　矿棉板吊顶构造

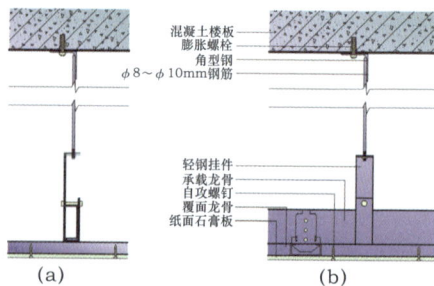

图 9-30　石膏板吊顶构造
（a）正面图；（b）侧面图

3. 门窗型材施工

1）施工方法。首先，检查门窗洞口尺寸及方正，根据测量尺寸预先制作门窗型材框架。然后，用膨胀螺栓等连接件固定门窗框，并填塞框、墙之间的间隙。接着，安装门窗扇与玻璃，并做密封处理。最后，经过全面检查、调整，安装玻璃及五金件（见图9-31）。

2）施工要点。为避免门窗在施工过程中磨损、变形，应采用预留洞口的办法，而不应采取边安装边砌口或先安装后砌口。门窗与墙体的固定方法应根据墙体的材质而定。如混凝土墙体可用射钉或膨胀螺钉。砖墙洞口则可用膨胀螺钉和水泥钉，而不得用射钉。固定件的间距应不大于600mm。要在距窗框的四个角、中横框、中竖框100～150mm处设固定件。门窗框与墙体之间需留有15～20mm的间隙，并用聚氨酯填充剂填嵌饱满，不能将门窗框直接埋入墙体，或用水泥砂浆填缝。门窗安装五金配件时，应钻孔后用自攻螺钉拧入，各种固定螺钉拧紧程度应基本一致，以免变形（见图9-32）。

图 9-31 铝合金门窗滑轨

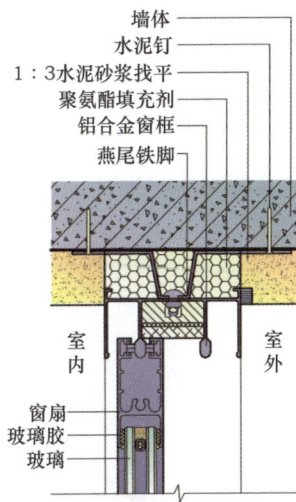

图 9-32 铝合金门窗构造

电焊条

电焊条主要由金属焊芯与涂料（药皮）构成，是在低碳钢丝外将涂料（药皮）均匀、向心地压涂在焊芯上（见图9-33）。

电焊条在焊接时，焊芯主要用于传导焊接电流，产生电弧把电能转换成热能，此外，焊芯本身熔化作为填充金属与母材金属熔合形成焊缝。电焊条规格一般为 1.2～3mm，长度为350～450mm，具体价格根据质量、品牌不等，一般为0.5～1.5元／支。

钛镁合金

钛镁合金是在铝合金中掺入了碳纤维材料，强度高、密度小、机械性能好。外形比铝合金更复杂多变，能承受更大压力。钛镁合金外表可经过喷漆、烤漆等装饰处理，华丽富有光泽。但是，钛镁合金的加工性能差，抗磨性差，生产工艺复杂。

钛镁合金骨架主要用于外露的吊顶龙骨与室内外成品门窗边框，钛镁合金骨架宽度大于20mm，壁厚大于2mm，长度为3m或6m。以5mm厚的普通玻璃为例，铝合金门窗价格为400～600元／m²（见图9-34）。

型钢连接方式

型钢材料的连接方式主要有焊接、铆接、螺接。

焊接工艺运用最广，连接牢固，位于上部的型钢应落在下部的型钢上，接触面呈水平状态最佳，要避免虚焊、漏焊、空焊等现象。铆接工艺需要专用铆接机，铆接型钢双面应预留一定空间才能施工。螺接工艺适用于型钢与其他材料连接，如木材、混凝土等，螺栓外露需要作额外装饰处理。

如果追求牢固且条件允许，在同一型钢中应采取两种连接方式。

图 9-33　电焊条

图 9-34　铝合金窗

第二节　五金配件

五金配件在装修中能起到很好的装饰作用。由于五金配件的品种丰富，材质多样，在使用过程中既要辨清功能，又要关注质量。

一、钉子

在现代装修中，钉子的品种越来越多，已经超越传统的使用范围，而涉及装修全过程，尤其是在基础工程与安装工程中显得特别重要。

1. 圆钉

圆钉又称为铁钉、木工钉，是最传统的钉子，以热轧低碳盘条冷拔成的钢丝为主要原料，经制钉机加工而成（见图9-35），主要用于固定或连接木质材料。市场上销售的圆钉有散装与盒装两种形式，散装圆钉容易生锈，不易保存，但是价格较低，适合即买即用。盒装圆钉净重约0.45kg，价格为3～5元/盒。此外，为了防止传统铁质圆钉生锈，现在也可以选用不锈钢圆钉，价格要高1倍。

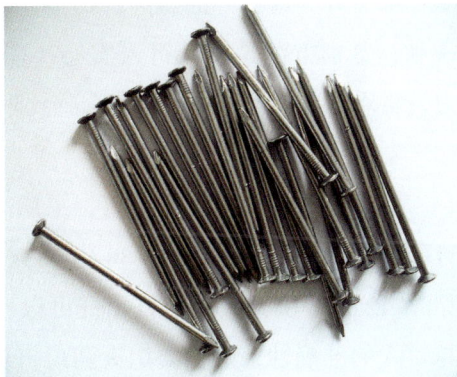

图9-35　普通圆钉

选购时，注意包装盒内侧应覆有塑料薄膜，或采用塑料包装。圆钉表面应该略有油脂用于防锈，圆钉的色泽应该光亮晶莹，不能有红色或褐色污迹。观察多枚圆钉的钉尖形态是否一致，用手指触摸是否具有较强的扎刺感。

2. 水泥钉

水泥钉又称为钢钉，是采用碳素钢生产，质地较硬，穿凿能力很强（见图9-36）。当遇到普通圆钉难以钉入的界面时，使用水泥钉可以轻松钉入。水泥钉还可被套上塑料卡件，用于固定各种线管（见图9-37）。水泥钉一般用于砖砌隔墙、硬质木料、石膏板等界面的安装，但是对于混凝土的穿透力不太大。常规

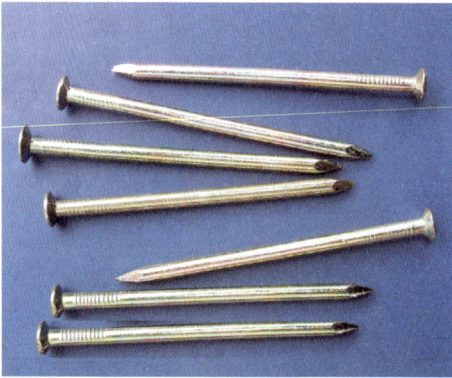

图 9-36　水泥钉

图 9-37　水泥钉管线卡

水泥钉的规格为 $\phi 1.8 \sim \phi 4.6$，长度 20 ~ 125mm，价格要比圆钉高 1.5 ~ 2 倍。

水泥钉的选购方法与圆钉类似，但是尖头一般不太锐利，且锥角不如圆钉锐利，鉴别方法是将其钉入实心砖墙会感到非常轻松，钉入混凝土墙体稍费力，劣质产品钉入混凝土墙体会感到阻力很大，甚至发生弯曲。

3. 射钉

射钉又称为专用水泥钢钉，采用高强度钢材制作，相对于常规圆钉、水泥钉而言质地更坚硬（见图 9-38），可以钉入实心砖墙或混凝土构造上，甚至能射穿 8 ~ 12mm 厚的钢板，射钉顶杆可以弯曲 60° ~ 90° 不断裂。为了提高施工效率与钉入的准确性，射钉要用火药射钉枪发射，射程远，威力大，射钉后部带有塑料圈。射钉上的塑料圈的直径一般应大于射钉枪钉管口径，垫圈能使钉子的轴心线与钉管的轴心线基本重合，提高射击强度。

在装修中，射钉主要用于固定承重力量较大的装饰结构，既可以使用铁锤钉入，又可以使用火药射钉枪发射（见图 9-39）。射钉的规格全部统一，钉杆为 3.5mm，长度规格为 PS27、PS32、PS37、PS42、PS52 等。如标示 PS37 射钉表示长度为 37mm 的射钉，价格为 5 ~ 6 元 / 盒，每盒 100 枚。

4. 地板钉

地板钉又称为麻花钉，是在常规圆钉的基础上，将钉子的杆身加工成较圆滑的螺旋状，增强钉入的摩擦力（见图 9-40）。地板钉专用于需架设木龙骨的实木地板、竹地板安装（见图 9-41）。常规地板钉多为镀锌铁钉、镀铜铁钉，高档产品有不锈钢钉。地板钉的规格为 $\phi 2.1 \sim \phi 4.1$，长度 38 ~ 100mm 不等，其中长

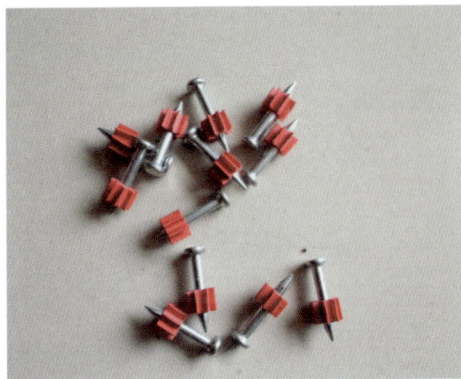

图 9-38　射钉

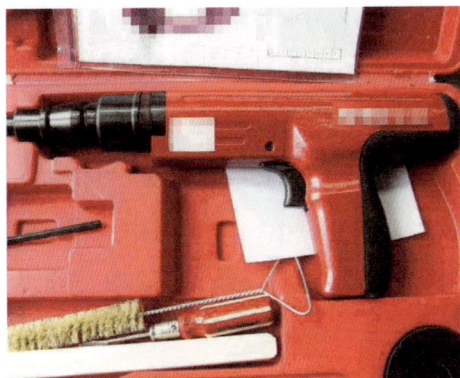

图 9-39　射钉枪

图 9-40　镀锌地板钉

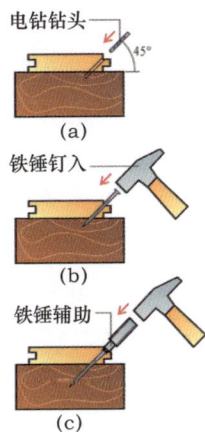

图 9-41　地板钉施工方法
（a）钻孔；（b）钉入；（c）钉深

度38mm与50mm的地板钉最常用。地板钉的价格与普通圆钉相当，不锈钢产品的价格仍要高1倍。

5. 气排钉

气排钉又称为气枪钉，材质与普通圆钉相同，是装修气钉枪的专用材料。每个气排钉之间使用胶水连接，类似于订书钉（见图9-42）。气钉枪通过空气压缩机加大气压推动发射气排钉（见

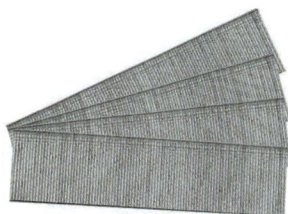

图 9-42　气排钉

图9-43），隔空射程可达20m以上。

气排钉已成为木质工程的主要辅材，用于钉制各种板式家具部件、实木封边条、实木框架、实木或石膏板等。经气钉枪钉入木材中而不露痕迹，不影响木材继续刨削加工及表面美观，且钉接速度快，质量好，因此应用十分广泛。气排钉常用长度规格为10～50mm，产品包装以盒为单位，标准包装每盒5000枚，价格根据长度规格而不等，常用25mm长的气排钉价格为6～8元／盒。另外，还有高档不锈钢产品，其价格仍要高1倍。

图9-43　气钉枪

6. 铆钉

铆钉是一种金属辅材，杆状的一端有帽，穿入被连接构件后，在钉杆的外端打、压出另一头，将构件压紧、固定（见图9-44和图9-45），应采用铆钉器操作。铆钉一般采用不锈钢、铜、铝等各种合金制作。在装修中，铆钉主要用于金属构件安装，钢结构楼板、楼梯固定，虽然应用不多，但是铆钉的连接力度特别大，且成本低、效率高。铆钉的长度规格主要为10～100mm，$\phi 3$～$\phi 10$，其中长度每5～10mm为一个单位型号。价格根据材质而不同，常用的铝质铆钉，$\phi 4$，长12mm，价格为5～6元／盒，每盒50枚。

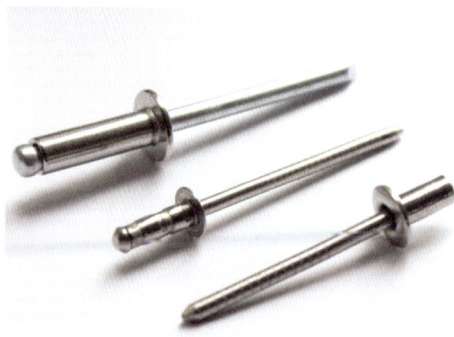

图9-44　铆钉

图9-45　铆钉器

7. 泡钉

泡钉又称为扣板图钉、底钉，质地与圆钉相同，形态与普通图钉相似，只是钉身比普通图钉长，钉头比图钉凸出，表面通过镀锌或铜来改变色彩（见图9-46）。泡钉一般安装在落地家具、构造的底部，使家具底部免受磨损，还用于塑料扣板、防裂网等轻质材料固定安装，固定媒介一般为木质、塑料等软质材料，施工时用手指按压即可。具有压花纹理的泡钉还可以用于墙面软包、壁纸、固定沙发的边角加固或装饰。

图9-46　普通泡钉

泡钉的规格很多，钉帽3~50mm，特殊规格的泡钉可以定制加工。以固定塑料扣板的泡钉为例，钉身长度为14mm，钉帽6mm或8mm，每盒约300枚，价格为3~5元/盒。选购时，主要观察泡钉的电镀效果，采用360号砂纸打磨，如果轻易露出底色则说明质量不高，容易褪色或生锈。此外，可以随意选几枚泡钉仔细比较，优质产品的钉身应该正好结合在钉帽中央，不能存在任何细微偏差。

二、螺丝

螺丝主要包括螺钉与膨胀螺栓，是现代装修必备的基础辅材，主要依靠自身螺纹逐渐加固材料，具有连接力度大，构造稳定等优势。

1. 螺钉

螺钉是头部具有螺纹的紧固件，钉头开十字凹槽、一字槽、内三角槽、内角四方等槽型（见图9-47），施工时需要配合使用各种形状的螺丝刀（见图9-48），能应用到各个行业。

在装修中，螺钉可以使木质材料之间衔接更紧密，不易松动脱落，也可以用于金属与木材、塑料与木材、金属与塑料等不同材料之间的连接。螺钉主要

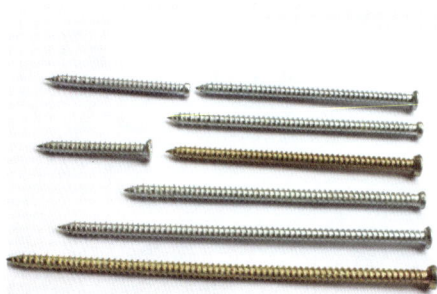

图 9-47　螺钉

图 9-48　螺丝刀与配件

用于板材、家具零部件装配，应根据使用要求选用适合的样式与规格（见图9-49和图9-50）。螺钉的常用长度规格为10～120mm，其中每增加5～10mm为一个单位型号。螺钉销售以盒为单位，具体价格根据规格不同而不同，一般多为5～10元／盒，根据不同规格每盒10～100枚不等，如果条件允许，可以选用不锈钢螺钉，强度与防锈性能都要高很多，价格比传统螺钉贵1.5～2倍。螺钉的选购方法与普通圆钉类似，但是螺钉的形态应该更加精致。

图 9-49　自攻螺钉

图 9-50　膨胀螺钉

2. 膨胀螺栓

膨胀螺栓是将重型家具、构造、设备、器械等物件安装或固定在墙面、楼板、梁柱上所用的特殊螺栓连接件。膨胀螺栓主要由螺栓、套管、平垫圈、弹簧垫圈、六角螺母等5大构件组成，一般采用铜、铁、铝合金等金属制造，体量较大（见图9-51和图9-52）。膨胀螺栓的固定原理是利用套管扩张来促使膨胀产生摩擦力，达到固定效果。

图 9-51　膨胀螺栓

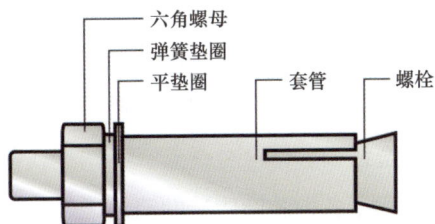

图 9-52　膨胀螺栓构造

　　在装修中，膨胀螺栓用于重型材料的关键固定部位，如石膏板隔墙龙骨的边框固定，成品楼梯或钢结构楼梯的边界固定（见图9-53和图9-54），户外庭院的防护栏、雨篷、空调等构造设备的固定，固定界面多为水泥、砖、混凝土等材料。多适用于单件重量等于或超过20kg的装修构件。膨胀螺栓的常用的长度规格主要为30～180mm，每增加5～10mm为1个单位型号，价格根据不同规格差距很大，如常用的长80mm，ϕ8的膨胀螺栓，价格为1元／枚左右，不锈钢产品价格要贵2倍。

图 9-53　电锤钻孔

图 9-54　膨胀螺栓安装

三、金属线条

金属线条是各种板材、砖材、构造的配套产品（见图9-55），质地轻盈、强度高、耐腐蚀，表面一般要经过氧化着色处理，制成各种不同的颜色，并带有鲜明的金属光泽。根据材质可以分为铝合金线条、铜合金线条、不锈钢线条等，用于各种装饰构造的转角线、收口线、柱角线等（见图9-56和图9-57）。

图 9-55　铝合金瓷砖边角线条

图 9-56　铝合金柜门边框

图 9-57　铝合金地板线条

在装修中，常用的金属线条宽度为10～60mm不等，长度为1.8m、2.4m、3.6m。选购金属线条一定要注意线条的平整度，稍有弯曲、变形就会影响最终的装饰效果，质地较好的不锈钢线条通常在表面覆有塑料膜，便于运输，待施工完毕后再剥揭。

四、拉手

拉手是安装在门窗或抽屉上便于用手开关的五金件，方便操纵（开、关、吊）门窗或抽屉的用具（见图9-58和图9-59）。在装修中主要用于家具、门窗的开关部位，是必不可少的功能配件。现在主流产品多为不锈钢或铝合金材料，

图 9-58　柜门拉手

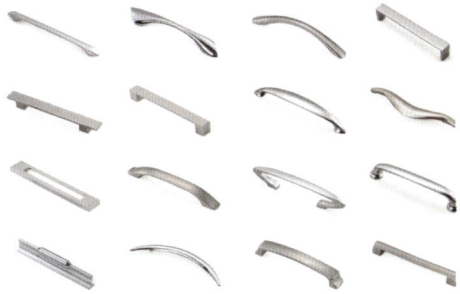

图 9-59　柜门拉手样式

高档铝合金拉手要经过电镀、喷漆或烤漆工艺，具有耐磨与防腐蚀作用，一般拉手要能承受不低于6kg的拉力。选购时，要特别注意观察拉手的面层色泽及保护膜，有无破损及划痕。各种不同样式的拉手在安装时，需要使用不同规格直径的电钻头事先钻孔。

五、铰链

铰链又称为合页，是用来连接两个构件，并能让两者进行转动的装置。用于普通门扇的为轻薄型铰链，分为家具铰链与门扇铰链两种。

1. 家具铰链

在装修中使用最多的是家具体与柜门之间的铰链，又称为烟斗铰链（见图9-60），一般要求安装板材的厚度为16～20mm（见图9-61）。铰链材质有镀锌

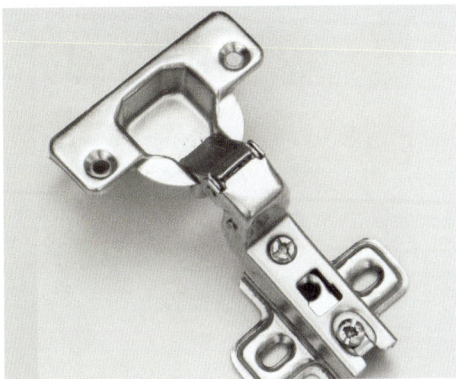

图 9-60　家具铰链

图 9-61　家具铰链安装

铁、锌合金，弹簧铰链附有调节螺钉，可以上下、左右调节板的高度、厚度，能根据空间，配合柜门开启角度。除完全开启90°~115°外，30°、45°、60°等均有锁定点，使各种柜门有相应的伸展度。家具铰链有全遮、半遮、内藏等3种形式（见图9-62），可以分别对应不同的门板安装形式，中档家具铰链价格为3~5元／个。

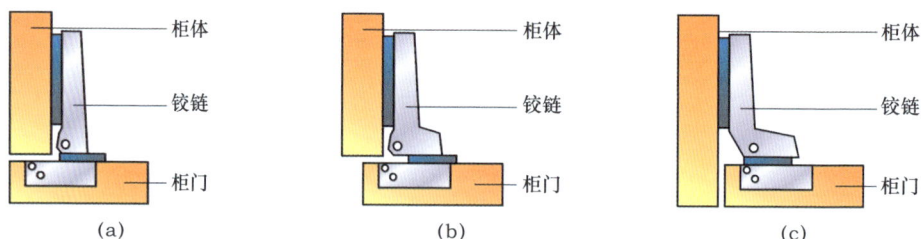

图 9-62　家具铰链样式构造
（a）全遮铰链；（b）半遮铰链；（c）内藏铰链

2. 门扇铰链

门扇铰链主要用于门、窗扇，材质有铁、铜与不锈钢等多种，其中以不锈钢为佳（见图9-63和图9-64）。门扇铰链的外观规格标准为100mm×30mm与100mm×40mm，中轴 11~13mm，合页壁厚为2.5~3mm。用于防盗门的扇面铰链还有轴承型产品，现在以选用铜质轴承铰链较多，式样美观、亮丽，价格适中，并配备螺钉。中档门扇铰链价格为20~30元／套。

图 9-63　门扇铰链

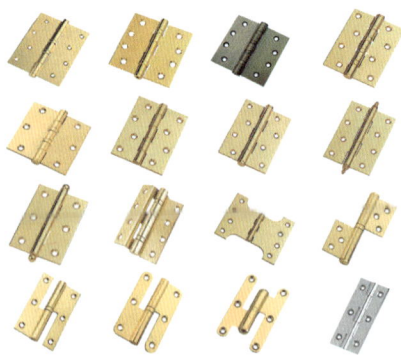

图 9-64　门扇铰链样式

3. 液压铰链

液压铰链是利用液体（液压油）缓冲性能制作的铰链，适用于对噪声控制有要求的门窗、家具，也可以用于高档家具门板（见图9-65）。液压铰链安装后的关门速度均匀。中档液压铰链价格为40～50元／套。选购时，主要关注液压铰链的复位性能，可以将铰链打开95°，用手将铰链两边用力按压，观察支撑弹簧片是否变形或发生折断，十分坚固的为质量合格的产品。注意缓冲液压铰链在开关时是否有异响，或开关速度相差过大，若有可能是液压缸质量不高。

图 9-65　液压铰链

六、滑轨

滑轨为装修家具的配套产品，主要分为轨道与滚轮两部分，两者既有分离，又有合并，是抽屉、柜门、房门等构造的开关装置。

1. 抽屉滑轨

抽屉滑轨用于各种家具抽屉的开关活动，多使用优质铝合金、不锈钢制作。抽屉滑轨由动轨与定轨组成，分别安装于抽屉与柜体内侧两边（见图9-66和图9-67）。新型滚珠抽屉导轨分为二节轨、三节轨两种。抽屉滑轨常用规格长度为300～550mm，价格为10～50元／套。

图 9-66　滚珠滑轨

图 9-67　抽屉滑轨

2. 推拉门滑轨

推拉门滑轨是带凹槽的导轨，主要用于推拉门、窗扇的开关运动。推拉门滑轨是由滑轨道与滑轮组合安装于门窗上方的活动构件，滑轨道厚重，滑轮粗大，可以承载各种材质门窗扇的重量（见图9-68）。滑轨道一般采用铝合金、塑钢材料制作，配合吊轮制作。滑轮一般采用铜或铝合金制作，并在滚轮上包裹橡胶，在使用中能降低噪声（见图9-69）。

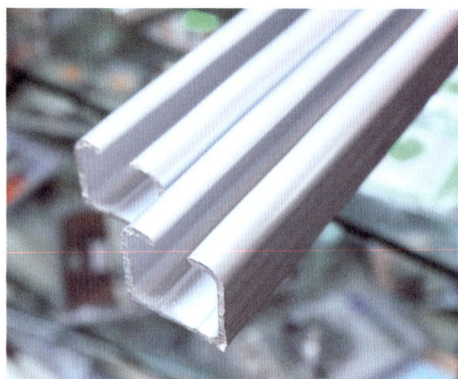

图 9-68　滑轨道

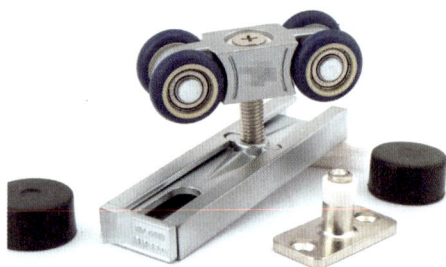

图 9-69　滑轮

推拉门滑轨单根型材长度为1.2～3.6m，截面边长30mm，壁厚1.5mm以上。滑轨价格为10～30元／m，吊轮的滚轮数量一般为双数，如2、4、6、8等，价格为20～50元／个。

选购时，注意观察承重轮的间隙是否紧密，应挑选耐磨及转动均匀的承重轮，普通滑轨多为合金质地，高档产品为不锈钢或铜质。高档品牌的滑轮上还装有防跳装置与磁铁，使用更安全。

七、五金配件固定施工

五金配件多采用各种螺钉、螺栓材料固定，看似轻松，但操作起来却不简单，既要固定稳妥，又要避免破坏家具。

1. 施工方法

首先，根据安装、固定对象选择合适的螺钉、螺栓、工具，一般选用产品配套五金件。然后，将固定基层表面处理干净，估测固定效果。接着，使用专用工具禁锢螺钉、螺栓，将五金配件禁锢。最后，对螺钉、螺栓等表面进行必要防锈、装饰处理。

2. 施工要点

螺钉一般采用锤子、气钉枪实施，用锤子敲击要注意力度，可分3次钉入。气钉枪需要连接空气压缩机，施工效率高，但是要注意安全。螺

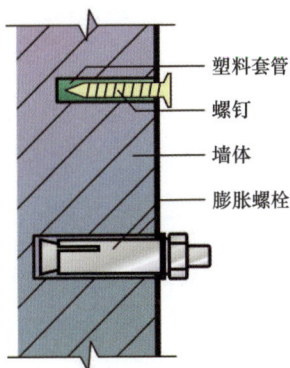

图9-70　螺钉与膨胀螺栓安装构造

钉应采用螺丝刀或带有螺丝刀头的电钻实施，电钻转入螺钉的速度要慢，避免用力过大而破坏固定基层材料。膨胀螺栓用于自重较大的五金件，如吊顶、吊灯、壁挂构造等，先用与膨胀螺栓规格相当的钻头在界面上钻孔，孔深应与螺栓全长相当，插入膨胀螺栓后，用扳手将尾部螺帽拧紧，膨胀螺栓的最终固定方向应与界面呈90°垂直（见图9-70）。

补充要点

滚轮

滚轮是安装在移动家具或构件下部的活动配件，一般采用聚苯醚（工程塑料）制作，内部连接轴承为铝合金或不锈钢材料，高档产品内部增加滚珠，增强了柔顺性（见图9-71）。

滚轮规格为$\phi 25 \sim \phi 150mm$不等，每增加5~10mm为一个单位型号。以常见的$\phi 40mm$的滚轮为例，每个滚轮的承载重量一般应不大于40kg，优质产品使用寿命不低于

图9-71　家具滚轮

10年。选购时应严格计算家具或构件的承载负荷，不能超载使用，定期清理内部污垢，并添加润滑油。

课后练习

1. 考察钢材市场，收集各种型钢样本和价格，并制作成表格对比。

2. 考察商业空间中的型钢结构楼梯或雨篷，绘制详细剖面图。

3. 分析各五金型材施工要点，绘制表格比较特性和施工重点。

4. 考察塑钢、铝合金的加工、安装工艺，对比两种材料的价格与特性。

5. 收集各种五金配件的样本，并进行比较分析。

参考文献

1. 李继业. 新编建筑装饰材料实用手册［M］. 北京：化学工业出版社，2012.

2. 张峰，陈雪杰. 室内装饰材料应用与施工［M］. 北京：中国电力出版社，2009.

3. 田原，杨冬丹. 装饰材料设计与应用［M］. 北京：中国建筑工业出版社，2006.

4. 石珍. 建筑装饰材料图鉴大全［M］. 上海：上海科学技术出版社，2012.

5. 李维斌. 国内外建筑五金装饰材料手册［M］. 南京：江苏科学技术出版社，2008.

6. 张清丽. 室内装饰材料识别与选购［M］. 北京：化学工业出版社，2013.

7. 杨天佑. 建筑装饰工程施工［M］. 北京：中国建筑工业出版社，2003.

8. 曾正明. 建筑装饰材料速查手册［M］. 北京：机械工业出版社，2009.

9. 林晓东. 建筑装饰构造［M］. 天津：天津科学技术出版社，2006.

10. ［美］布莱尼·布朗内尔. 建筑、室内设计创新材料应用［M］. 北京：中国电力出版社，2007.